Ai × **Ae**

イラレユーザーのための

After
Effects
入門

河野 緑 著

Power Design Inc. 協力

ソシム

はじめに

本書を手にとってくださり、ありがとうございます。

この本は、
「イラレでイラストやデザインは作れるけれど映像編集がはじめて」の方に向けて、
まさにイラレのスペシャリスト集団、
パワーデザインのみなさんとやりとりしながら作り上げました。

数年前から、
「イラレのデータをAfter Effectsでモーションさせたい」
「自分のデザインをモーショングラフィックスとして動かしたい」
というグラフィックデザイナーさんの声を耳にしていました。

グラフィックデザイナー＝イラストやデザインができるということは、
作品のいちばん肝心な「決めショット」を作れるということ。
そんな方々がAfter Effectsまで覚えたら、それは最強ですよね。

そんなイラレユーザーのみなさんが知りたいことに絞って、
After Effectsというソフトのカバーする広大な範囲の中から、
まずは必要な範囲を、基礎からていねいに解説しました。
楽しんで学んでいただければうれしいです。
そしてぜひ、オリジナルの作品制作に役立ててください。

この本が、After Effectsを楽しみながら学び、
表現の幅を広げていく一助となれば幸いです。

2022年8月　オフィス・ユニコ　河野 緑

2

普段は主に紙媒体のデザインを手がけている私たちですが、
最近は「web用の広告や動画も作れますか?」という依頼を受ける場面も
徐々に増えてきています。

そんな折、ソシムの平松さんから本書についてのお話をいただき、
「イラレユーザーのための映像制作」というコンセプトに共感した私たちは、
映像クリエイターの河野さんと協力して本書の制作を始めました。

しかしいざ「映像のためのデザイン」となると
「映像のサイズって?」
「イラレデータはどういう状態になっていればいいの?」
「このデザインにはどんな動きが合うの?」など、未知なことばかり…

After Effectsについても一から学びながら取り組み、
まさにこれから使ってみたいと考えているみなさんと同じ視点で、
疑問やつまづきやすいところをカバーしながらまとめあげました。

私たちがイラレで制作したデザインに、
河野さんが動きをつけてくださったときのインパクトと感動といったら…!
みなさんも、画面の中の静止画が生き生きと動きだす様子を目の当たりにすれば、
きっと「映像」という新しい世界の可能性を感じるはずです。

本書を味方にして、あなたの持っている「デザイン力」を
ぜひ映像制作にも活かしてみてください。

Power Design Inc.

目次

目次

Chapter 6　動くクリスマスカード･･････････････････････････････ 101

目次

Chapter **9** ユニコーンを動かす ····················· 249

本書について

◆ 本書で使用しているAfter Effects ／ Illustrator ／ Premiere Proについて

本書はMac 版＆Windows 版のAfter Effects ／ Illustrator ／ Premiere Pro CC2022に対応しています。紙面での解説はMac 版での解説が基本となっています。Adobe CCのアプリケーションソフトはバージョンアップが随時行われるため、他バージョンの場合はツール名・メニュー名などが異なる場合があります。あらかじめご注意ください。

◆ Windowsをお使いの方へ

本書ではキーを併用する操作やキーボードショートカットについて、Macのキーを基本に表記しています。Windowsでの操作の場合は、`option` → `alt`、`⌘` → `ctrl`と読み替えてください。なお、ショートカットを使用する操作につきましては、P.40「AEでよく使うショートカット」を参照してください。

◆ Illustrarorの基本操作について

本書は「Illustratorをある程度使える方」を対象として執筆しています。そのため、Illustratorの基本操作については解説を割愛しています。Illustratorの基本操作につきましては、専門書またはインターネット等でお調べください。何卒、ご理解のほどをお願いいたします。

ダウンロードデータについて

本書のレッスンで使用しているサンプルデータは、以下のWebサイトからダウンロードすることができます。なお、サンプルデータを使用するには、お使いのパソコンにAfter Effects ／ Illustrator(バージョンCC2022以上)がインストールされている必要があります。

URL https://www.socym.co.jp/book/1379

◆ サンプルデータについて

サンプルデータの内容は以下のとおりです。

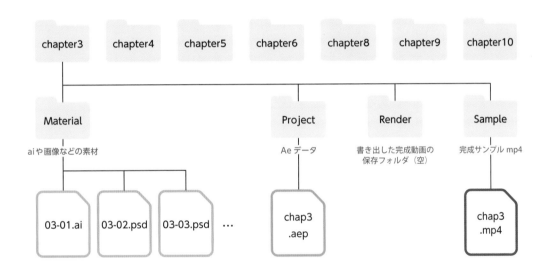

◆ サンプルデータご使用の際の注意事項
- ・サンプルデータはデータ容量が大きいため、ダウンロードに時間がかかる場合があります。低速または不安定なインターネット環境では正しくダウンロードできない場合もありますので、安定したインターネット環境でダウンロードを行ってください。
- ・サンプルデータをダウンロードする際は十分な空き容量をパソコンに確保してください。空き容量が不足している場合はダウンロードできません。
- ・サンプルデータはZIP形式に圧縮していますので、ダウンロード後、展開してください。
- ・サンプルデータを使用するには、お使いのパソコンにAfter Effects ／ Illustrator ／ Premiere Pro(CC2022以降)がインストールされている必要があります。

◆ サンプルデータで使用しているフォントについて
一部のサンプルデータにはフォントを使用しています。使用しているフォントはAdobe Fontsで提供されているもの(2022年8月現在)ですので、アクティベートしてご使用ください。なお、Adobe Fontsで提供されるフォントは変更される場合があります。もしフォントが見つからない場合は、他のフォントに置き換えて作業を行ってください。

◆ サンプルデータの使用許諾について
ダウンロードで提供しているサンプルデータは、本書をお買い上げくださった方がAfter Effectsを学ぶためのものであり、フリーウェアではありません。After Effectsの学習以外の目的でのデータ使用、コピー、配布は固く禁じます。なお、サンプルデータの使用によって、いかなる損害が生じても、ソシム株式会社および著者は責任を負いかねます。あらかじめご了承ください。

紙面の読み方

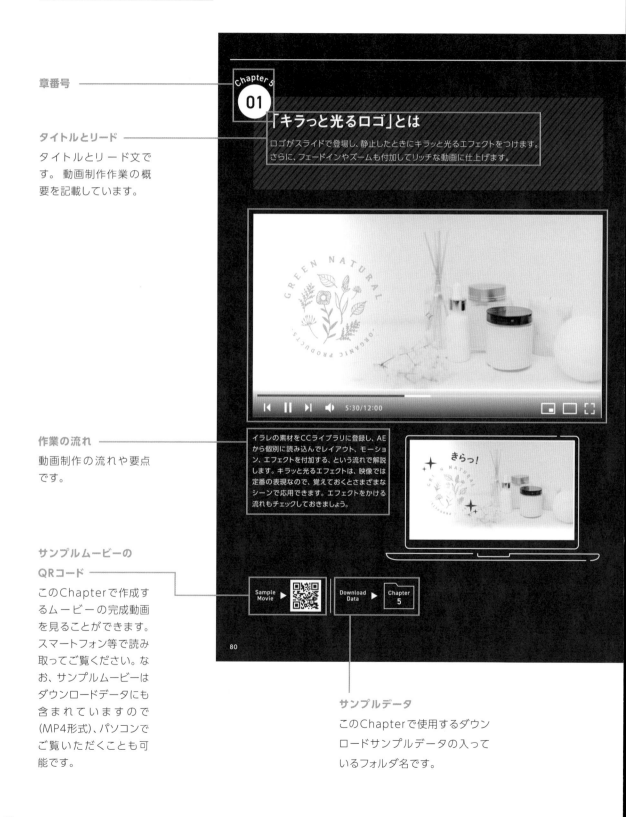

章番号

タイトルとリード

タイトルとリード文です。 動画制作作業の概要を記載しています。

作業の流れ

動画制作の流れや要点です。

サンプルムービーのQRコード

このChapterで作成するムービーの完成動画を見ることができます。スマートフォン等で読み取ってご覧ください。なお、サンプルムービーはダウンロードデータにも含まれていますので(MP4形式)、パソコンでご覧いただくことも可能です。

サンプルデータ

このChapterで使用するダウンロードサンプルデータの入っているフォルダ名です。

Chapter 5

01

「キラっと光るロゴ」とは

ロゴがスライドで登場し、静止したときにキラッと光るエフェクトをつけます。さらに、フェードインやズームも付加してリッチな動画に仕上げます。

イラレの素材をCCライブラリに登録し、AEから個別に読み込んでレイアウト、モーション、エフェクトを付加する、という流れで解説します。キラッと光るエフェクトは、映像では定番の表現なので、覚えておくとさまざまなシーンで応用できます。エフェクトをかける流れもチェックしておきましょう。

Sample Movie ▶

Download Data ▶ Chapter 5

80

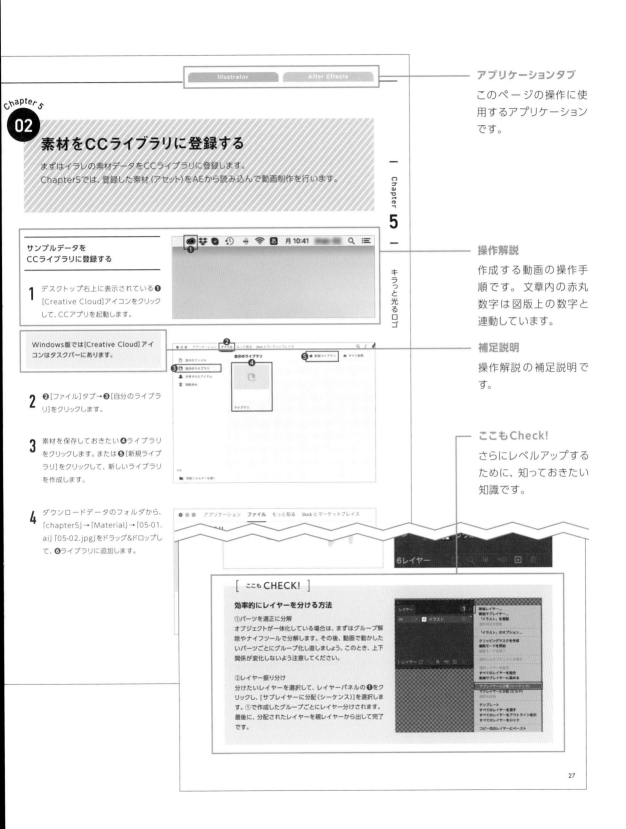

Chapter 5

02

素材をCCライブラリに登録する

まずはイラレの素材データをCCライブラリに登録します。
Chapter5では、登録した素材 (アセット)をAEから読み込んで動画制作を行います。

Chapter **5**

キラっと光るロゴ

サンプルデータを
CCライブラリに登録する

1 デスクトップ右上に表示されている❶
[Creative Cloud]アイコンをクリック
して、CCアプリを起動します。

Windows版では[Creative Cloud]アイ
コンはタスクバーにあります。

2 ❷[ファイル]タブ→❸[自分のライブラ
リ]をクリックします。

3 素材を保存しておきたい❹ライブラリ
をクリックします。または❺[新規ライブ
ラリ]をクリックして、新しいライブラリ
を作成します。

4 ダウンロードデータのフォルダから、
「chapter5」→「Material」→「05-01.
ai」「05-02.jpg」をドラッグ&ドロップし
て、❻ライブラリに追加します。

アプリケーション　ファイル　もっと知る　Stock とマーケットプレイス

6レイヤー

[**ここも CHECK!**]

効率的にレイヤーを分ける方法

①パーツを適正に分解
オブジェクトが一体化している場合は、まずはグループ解
除やナイフツールで分解します。その後、動画で動かした
いパーツごとにグループ化し直しましょう。このとき、上下
関係が変化しないよう注意してください。

②レイヤー振り分け
分けたいレイヤーを選択して、レイヤーパネルの❶をク
リックし、[サブレイヤーに分配(シーケンス)]を選択しま
す。①で作成したグループごとにレイヤー分けされます。
最後に、分配されたレイヤーを親レイヤーから出して完了
です。

アプリケーションタブ

このページの操作に使
用するアプリケーション
です。

操作解説

作成する動画の操作手
順です。文章内の赤丸
数字は図版上の数字と
連動しています。

補足説明

操作解説の補足説明で
す。

ここもCheck!

さらにレベルアップする
ために、知っておきたい
知識です。

27

13

Illustrator＋After Effectsでできること

本書はIllustrator（イラレ）をある程度使える方向けに書かれたAfter Effects（AE）の入門書です。まずは、イラレ・AEそれぞれの特徴と、イラレ＋AEでできることを確認しておきましょう。

◆ Illustratorとは

IIllustrator（イラレ）は、グラフィックデザインにおいては必須と言える代表的なグラフィックソフトです。線・図形・文字を自由に組み合わせて、イラストやロゴの制作、レイアウトデザインを行うことができます。

扱うデータは基本的にベクターデータのため、加工・編集がしやすく、グラフィックデザイン、Webデザイン等、さまざまなデザインワークに活用することができます。

◆ イラレが得意なこと

イラレでは、図形、線、グラデーション、文字などのツールを用いて自由なグラフィック表現ができます。そのため、イラストやロゴなどのデザイン素材を作成することができます。

また、写真・イラストなどの画像データと文字を組み合わせて、レイアウトデザインを組むこともできます。

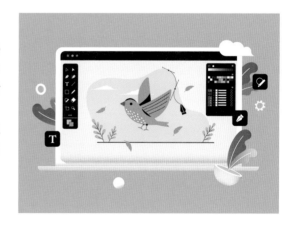

◆ After Effectsとは

After Effects (AE) は映像制作や合成ができるソフトです。ロゴやイラストなどのオブジェクトに動き(モーション)をつけてアニメーションを作成したり、エフェクトをかけて印象的な演出をしたりすることができます。また、ズームやフェードイン・フェードアウトなど、動画ならではの演出を付加することもできるため、静止画よりインパクトのある広告等を作成することができます。

◆ AEが得意なこと

AEではモーショングラフィックス(文字やイラストに動きをつけたアニメーション) を作成することができます。また、動画クリップを読み込んで色調補正をしたり、モザイクなどの加工をすることもできます。
AdobeCCのPremiere ProもAEと同じく動画編集ソフトですが、Premiere Proが映像クリップをつなぐ「カット編集」が得意なことに対し、AEはグラフィカルな映像表現を施した短尺の動画制作を得意としています。

◆ イラレとAEの共通点

AEでは、パーツごとに分かれたレイヤーを重ねて、レイヤーごとにモーションやエフェクトをつけていきます。また、シェイプや線、文字などのオブジェクトを作成して、それにモーションやエフェクトを適用することもできます。
もし、イラレの基礎知識があれば、これらの操作や仕組みについての理解もスムーズだと思われます。ただし、映像制作においては(静止画にはない)「時間」を意識する必要があります。この点については、数をこなして慣れていくしかないでしょう。

◆イラレ＋AEでできること

イラレで作成したロゴなどのデータは、AEでベクターデータとして読み込むことができます。ベクターデータなので、加工等を施しても劣化することはありません。

イラレで作成したロゴやイラストをAEで読み込めば、スライドやフェードイン、バウンスなどの動きをつけたモーショングラフィックスを作成することができます。

また、イラレで作成した人物イラストをAEで読み込めば、手や髪を動かしたり、まばたきさせたりといったアニメーションを作ることができます。

映像は静止画よりも印象に残りやすいというメリットがあるため、最近ではテレビCMやWeb広告、ミュージックビデオなどにも、イラレ＋AEの技術が用いられています。

動画のオープニング

アニメーション

デジタルサイネージ

Web広告

プレゼン資料

◆イラレ+AEの動画制作フロー

企画・構成

絵コンテを作成する

企画・構成を決めたら、絵コンテを作成して全体の流れを考えます。動画のサイズや時間、デザインの方向性なども検討します。

Ai

素材作成

デザイン素材をイラレで作成する

絵コンテを元に、イラストやロゴなどのデザイン素材をイラレで作成します。AEで読み込むことを想定し、動画仕様のデータにしておくと、AEでの作業がスムーズです。

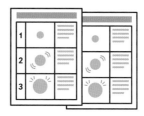

Ae

加工・編集

AEで動画を作成する

イラレで作成したデザイン素材をAEで読み込み、モーションやエフェクト、サウンドをつけていきます。

用途に応じた形式に書き出す

再生する媒体や用途に合わせて、動画を書き出します。WebやSNSには汎用性の高いMP4やGIF、再編集用にMOVなど、用途に応じて書き出し形式を選択します。

※形式によりMedia Encoderとの連携が必須となります。

書き出し

完成

Chapter

1

◇◇◇◇◇

動画用イラレデータの基礎知識

まずは動画用のIllustratorデータについて解説します。印刷用データを作成する場合とは仕様が異なりますので、基本を理解しておきましょう。

01

AE用イラレデータを新規作成する

AEで読み込むためのイラレデータは、
グラフィックデザイン用の仕様とは大きく異なります。
ここではAE用のイラレドキュメントを新規作成する方法を紹介します。

動画用ドキュメントを新規作成する

---

1 Illustratorの[新規ドキュメント]ダイアログで❶[フィルムとビデオ] →❷[すべてのプリセットを表示+]をクリックします。

2 ❸動画用のすべてのプリセットが表示されます。目的のサイズに合ったプリセットを選択して[作成]をクリックします。

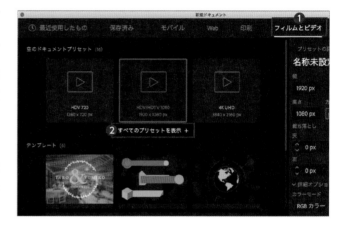

動画用プリセットのサイズと用途

プリセット	サイズ	用途	説明
HDV720	1280x720	デジタルテレビ放送、YouTubeなどネット配信、BDなど	ハイビジョン画質で画面比率16:9、縦720pxの映像規格。
HDV/HDTV 1080	1920x1080	デジタルテレビ放送、YouTubeなどネット配信、BDなど	フルハイビジョン、またはFHD(Full HD)と呼ばれ、現在広く使われている映像規格。 画面比率16:9、縦1080px。
4K UHD	3840x2160	UHD放送、YouTubeなどインターネット配信、Ultra HD BDなど	FHDを縦横2倍に拡張したテレビ放送向けの4K解像度規格。 プリセットにはないが、デジタルシネマ用のサイズとして4K DCI 4096x2160なども使われる。
8K FUHD	7680x4320	スーパーハイビジョン放送	スーパーハイビジョン。超高解像度のテレビ規格。
NTSC DV	654x480	SDテレビ放送、YouTubeなどネット配信、DVDなど	NTSCは日本・アメリカ・カナダなどで採用されていた画面比率4:3のアナログテレビ放送規格。NTSC DVはそれのデジタル版。 映像ではピクセル縦横比が1:0.9の720x480だが、イラレではピクセル縦横比が1:1なのでこのサイズで作成する。
PAL D1/DV	788x576	アナログテレビ放送、YouTubeなどネット配信、DVDなど	NTSCに対し、PALはヨーロッパ・南米・アフリカなど。

上記はプリセットから代表的なものを抜粋しました。プリセット名は国際的に定められた映像規格の名称で、そのメディアで取り扱う場合を想定したサイズになっています。Web/SNS向け動画の場合、プリセットにないサイズ(1080×1080、800×600、1080×1920など)を使うことも多いので、近いサイズのプリセットを選択し、サイズのみ変更して使えばOKです。

また、これ以外にもプリセットはありますが、古い時代(テレビが4:3時代のアナログ放送規格)に使われていたものや、特殊なものもあるため、説明は割愛しています。

通常のアートボードと動画用アートボードの違い

通常のアートボード上にオブジェクトを作成してAEで読み込むと、アートボード外にはみ出ている部分は自動的にカットされてしまいます。そのため、パンニングなどの動きをつけるとオブジェクトが切れた状態になってしまいます。

しかし、「フィルムとビデオ」のプリセットで作成したイラレデータは、アートボード外にはみ出した部分もAE側で認識することができます。そのため、動画素材として使いやすい状態になります。

通常のアートボード / [フィルムとビデオ]で作成したアートボード

3 動画用のアートボードが作成されます。アートボード上にある緑色の線は「ビデオセーフエリア」というガイドです。主に放送用の映像で必要な要素をおさめる範囲を示しています。このガイドを目安にしながらアートを作成していきましょう。

セーフエリアは古い規格のままでサイズ変更できません。厳密には制作物の用途によってエリア範囲は異なりますので、あくまで目安と考えてください。

グラフィックデザインの場合も天地左右にマージンを設けることで、パッと見の視認性を高めたり、窮屈さを回避したりすることができます。

動画の場合も、ビデオセーフエリアのガイドを目安に画面内に適度な空間を設けることで、同様の効果を得ることができます。

02 既存のイラレデータをAEで使うには

印刷用に作られたイラストやロゴのイラレデータを動画で使用することもよくあります。
そんなときに確認・変更するポイントを紹介します。

環境設定で単位をピクセルに変更する

グラフィックデザインではサイズの単位は
[mm]を使うことが多いですが、映像用デー
タでは[px]を使用します。

[Illustrator]メニュー→[環境設定]→[単位]
をクリックします。[環境設定]画面が開きま
す。❶[一般]で[ピクセル]を選択し、[OK]を
クリックします。

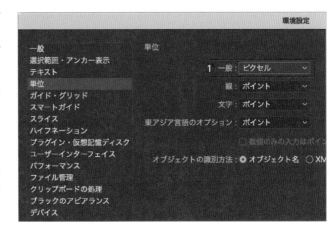

アートボードを動画サイズに変更する

1 背景や一枚絵のように動画の全面で使
用する予定のデータはアートボードを動
画用にリサイズしておく必要がありま
す。イラレデータを開き[プロパティ]パ
ネルの❶[アートボードを編集]をクリッ
クします。

> カットイラストやロゴなど、パーツ素材として使
> 用する場合は、サイズは任意でかまいません。

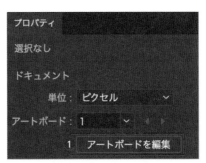

2 ❷[プリセット]をクリックして目的のサ
イズのプリセットを選択します。手動で
設定する場合は❸に数値を入力します
（単位は[px]）。

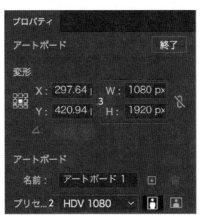

裁ち落としを0pxにする

印刷物ではアートボードサイズより外側に裁ち落としを設けますが、映像には不要です。裁ち落としがあると、AEではそこも含めたサイズで読み込んでしまうので、0pxにしておきます。

[ファイル]メニュー→[ドキュメント設定]をクリックします。[ドキュメント設定]画面で❶[裁ち落とし]をすべて[0px]にします。

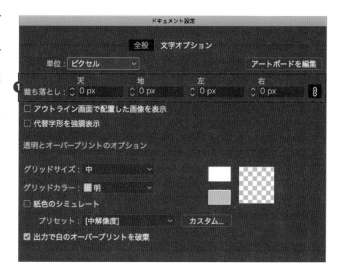

カラーモードをRGB にする

印刷物ではカラーモードCMYKが一般的ですが、映像ではRGBを使用します。ファイルタブでカラーモードが❶RGBになっているか確認します。

CMYKになっている場合は、[ファイル]メニュー→[ドキュメントのカラーモード]から[RGB]に変更します。

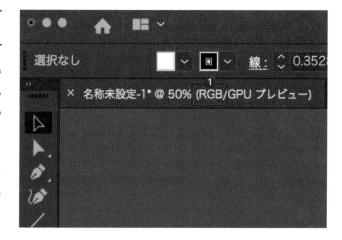

パーツごとにレイヤーを分ける

イラレデータをAEで開くと、1レイヤーを1パーツとして読み込まれます。そのため、胴体の一部を動かすアニメーションなどを作る場合は、あらかじめイラレ側でレイヤーを分けておく必要があります。

また、AEでは1度の読み込みにつき、1つのアートボードしか読み込むことができません。そのため、複数アートボードのデータは事前にファイルを分けておきましょう。

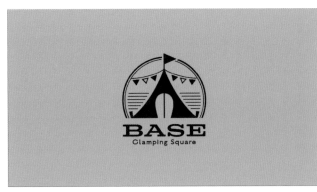

イラレで制作したデザイン

1つのレイヤーにすべてのパーツが配置されている

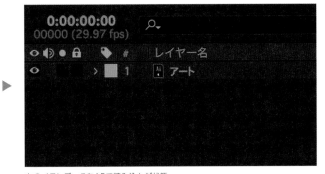

左のイラレデータをAEで読み込んだ状態。
一枚絵として読み込まれているため、パーツごとにモーションをつけることができない。

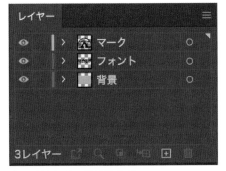

パーツごとにレイヤー分けされている

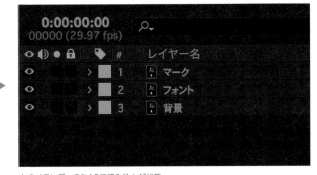

左のイラレデータをAEで読み込んだ状態。
レイヤーごとに分かれているので、各パーツに個別のモーションを設定できる。

03

AE用イラレデータ制作の流れ

動画用イラレデータを作る流れを紹介します。
グラフィックデザインの場合も制作前にラフを作りますが、
動画制作の場合はまず絵コンテを作成します。

絵コンテを作成する

ビジュアルと動きの時系列を組み立てながら
全体感がイメージできる絵コンテを作成しま
す。動きは「どこを動かすか」「どんな動きに
するか」「どれくらいのスピードで動かすか」を
具体的に決めておくと、その後の作業をス
ムーズに進めることができます。

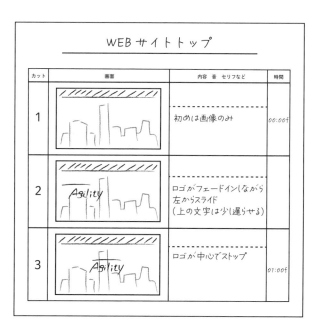

イラレでデザインを作成する

1 Illustratorを起動し、[フィルムとビデオ]のプリセットから新規ドキュメントを作成します。

2 ドキュメントが作成されたら、デザインを作成していきます。

あとでパーツごとにレイヤー分けすることを
考えて、オブジェクトは必要以上に結合しな
いようにしておきましょう。

パーツごとにレイヤー分けする

AEでは1レイヤーを1パーツとして読み込まれるため、パーツごとにレイヤーを分けていきます。グラフィックデザインの場合は、背景・ロゴ・テキストといった具合に分けます。

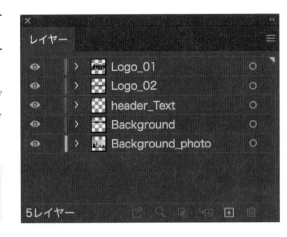

> レイヤー名もそのままAEに反映されますので、わかりやすい名前にしておきましょう。

胴体の一部を動かすアニメーションなどを作る場合は、動かしたいパーツごとにレイヤーを分けておく必要があります。

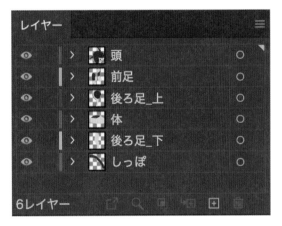

[ここも CHECK!]

効率的にレイヤーを分ける方法

①パーツを適正に分解
オブジェクトが一体化している場合は、まずはグループ解除やナイフツールで分解します。その後、動画で動かしたいパーツごとにグループ化し直しましょう。このとき、上下関係が変化しないよう注意してください。

②レイヤー振り分け
分けたいレイヤーを選択して、レイヤーパネルの❶をクリックし、[サブレイヤーに分配（シーケンス）]を選択します。①で作成したグループごとにレイヤー分けされます。最後に、分配されたレイヤーを親レイヤーから出して完了です。

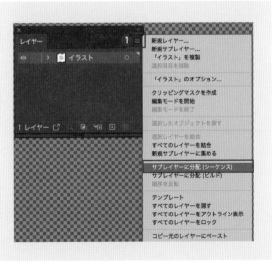

Chapter 1

動画用イラレデータの基礎知識

CCライブラリを活用する

ロゴや飾りパーツなどのイラレ素材をCCライブラリに登録しておくと、
AEでも便利に活用できます。

CCライブラリとは

Creative Cloudライブラリ(以下CCライブラリ)とは、
オブジェクトやカラーなどを登録しておけるライブラリ
機能です。よく使う素材をCCライブラリに登録しておけ
ば、さまざまなCCアプリからアクセスして使うことがで
きます。

写真、ロゴ、動画クリップ、カラーなどをCCライブラリで一括管理できる

CCライブラリのメリット

デザインワークを行う際も、Illustratorで作成した素材
をPhotoshopで使うなど、複数のアプリで同じ素材を
使うことがあります。通常であれば、イラレでデータ書き
出しを行い、フォトショで読み込むという作業が必要です
が、CCライブラリにデータを保存しておけば、異なるア
プリ間でもデータにアクセスして使うことができます。
つまり、イラレで作成されたロゴなどのデータをCCライ
ブラリに登録しておけば、AEからCCライブラリにアク
セスして使うことができるのです。

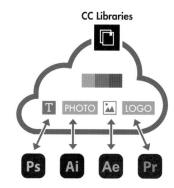

CCライブラリに登録されている素材は、
さまざまなアプリから直接アクセスして使うことができる。

また、作成したライブラリはほかのCCユーザーと共有す
ることもできます。複数人で共同作業をするときは、あら
かじめ素材データをライブラリにまとめておけば、効率
よく作業を進めることができます。

イラレで作成した素材データをAEで読み込んで行う作
業もよくありますので、よく使う素材はCCライブラリに
登録しておくとよいでしょう。

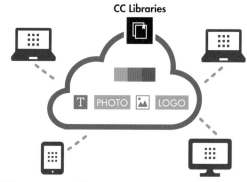

複数人での共有や複数デバイスからのアクセスも可能

イラレで作成した素材を
CCライブラリに登録する

イラレで作成した素材を[CCライブラリ]に
登録する方法を紹介します。
この手順はPhotoshopなど、他のアプリの
場合も同じです。

1 [CCライブラリ]に登録したいデータを
イラレで開きます。[CCライブラリ]パ
ネルを開き、❶[+新規ライブラリを作
成]をクリックします。ライブラリ名を入
力し[作成]をクリックします。

2 ❷オブジェクトを[CCライブラリ]パネ
ル上にドラッグ&ドロップします。パネ
ル内にオブジェクトが表示され、素材が
アセットとして登録されます。

[CCライブラリ]に登録された素材のことを
「アセット」と呼びます。

3 ❸登録したアセットのタイトルをダブル
クリックすると、名前を変更できます。わ
かりやすい名前にしておきましょう。

CCライブラリに登録した
イラレ素材をAE で使う

AEで[CCライブラリ]パネルを開き、目的の
アセットを選択します。[コンポジション]パネ
ルにドラッグ&ドロップすると配置されます。

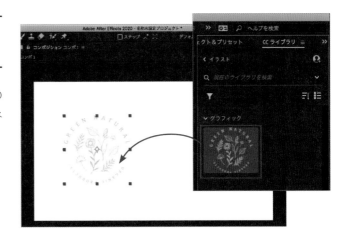

複数の素材をまとめて
CCライブラリに登録する

[CCライブラリ]にはイラレデータだけでなく、写真や動画クリップなども登録することができます。たくさんの素材を使用する動画制作の場合は、CCアプリからまとめてライブラリに素材データを登録しておくと、作業をスムーズに進めることができます。

1 デスクトップ右上に表示されている❶ [Creative Cloud]アイコンをクリックして、CCアプリを起動します。

Windows版では[Creative Cloud]アイコンはタスクバーにあります。

2 ❷[ファイル]タブ→❸[自分のライブラリ]をクリックします。

3 ❹素材を保存しておきたいライブラリをクリックします。または❺[新規ライブラリ]をクリックして、新しいライブラリを作成します。

4 ❻素材データをドラッグ&ドロップして、ファイルを追加します。

5 ❼[グループを追加]をクリックすると、ライブラリ内にグループを作成してデータを仕分けすることができます。

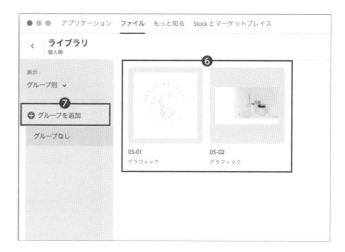

ライブラリの編集と共有

ライブラリはほかのユーザーと共有することができます。チームで作業する場合はライブラリを共有しておくと作業効率化につながります。

ライブラリ上にマウスホバーすると❶が表示されます。ここをクリックすると❷メニューが表示され、ライブラリの編集を行ったり、ほかのユーザーと共有したりすることができます。

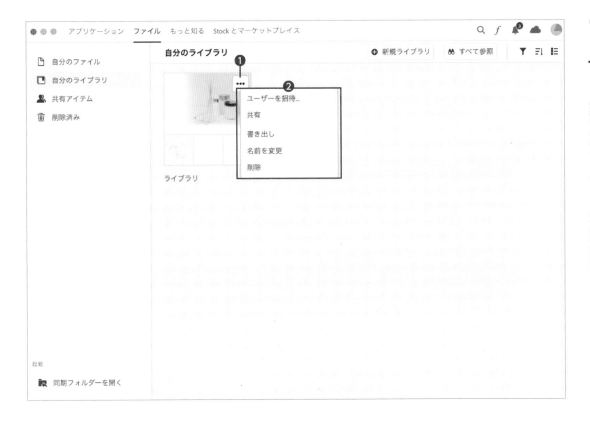

[こんなときどうする？ **01**]

Q. イラレデータを拡大すると輪郭がギザギザしてしまう…

A. [連続ラスタライズ]を使う

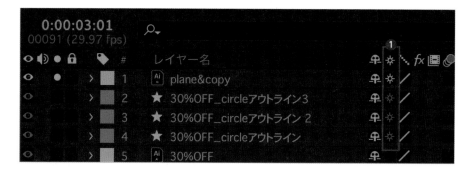

[オフ]の状態

[オン]の状態

イラレなどで作成されたベクター画像のレイヤーでこの❶[連続ラスタライズ]をオンにすると、拡大してもぼやけたりせず画質を維持します。ただし、同じボタンですがコンポジションレイヤーに適用すると[コラップストランスフォーム]という別機能となってしまう独特の仕様となっています。

Chapter

2

◇◇◇◇◇◇

After Effectsの基本操作

After Effectsの画面やワークスペース、環境設定について解説します。また、AEでの動画制作ではショートカットをよく使用しますので、そちらも併せて紹介します。

After Effectsの基本画面

After Effectsの[標準]ワークスペースについて説明します。
どこにどんなパネルがあり、どんな役割を持っているのかを確認しておきましょう。

After Effectsの[標準]ワークスペース。❶をクリックすると[標準]ワークスペースになる。

パネル名	機能
1 ツールパネル	編集に必要なツールが並ぶパネルです。 右下に「◢」があるものは、長押しで複数のツールを表示できます。
2 プロジェクトパネル	編集に使うすべての素材を管理する素材置き場です。 読み込んだ素材のサムネイルや情報を確認できます。
3 コンポジションパネル	コンポジションとは映像作品の構成の入れ物です。 ここで構成を再生したり、素材を直接レイアウトしたりします。
4 情報パネル	マウスカーソル位置のXY座標や、RGB値などの色情報を数値として確認できます。
5 オーディオパネル	タイムラインに配置した音声データのレベルをチェックしたり、 調整することができます。
6 プレビューパネル	作業中の映像を再生するボタンや設定項目が並んでいます。
7 エフェクト&プリセットパネル	エフェクトやアニメーションプリセットが数多く収納されています。 上部のバーに任意のエフェクト名を入力すると、効率的に探すことができます。
8 CCライブラリパネル	Creative Cloud ライブラリと同期・共有できるパネルです。 Illustratorのデータとのやりとりにも使います。
9 タイムラインパネル	素材をレイヤーとして表示し、モーションをパラメーター(数値)で編集する、 作業のメインとなるパネルです。

[プロジェクト]パネルの使い方

[プロジェクト]パネルはイラストや写真、動画
クリップなどの素材置き場です。ここに素材を
ドラッグ&ドロップすると読み込まれます。読
み込まれた素材はここから[タイムライン]に
ドラッグ&ドロップして配置し、編集します。

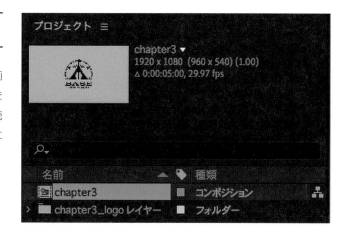

[エフェクト&プリセット]パネルの使い方

[エフェクト&プリセット]パネルにはさまざま
なエフェクトやアニメーションプリセットが用
意されています。使用したい項目を選択し、
タイムラインのレイヤーにドラッグ&ドロップ
することで、適用できます。上部のバーにエ
フェクト名を入れて検索することもできます。

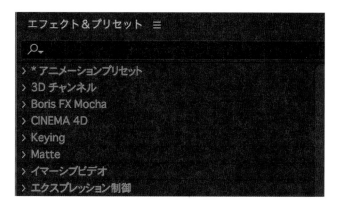

[タイムライン]パネルの使い方

動画編集のメインとなるパネルです。[プロジェクト]パ
ネルからドラッグ&ドロップで配置された素材は❶レイ
ヤーになります。レイヤーにある❷[>]をクリックして展
開しプロパティと時間軸を連動しながら❸パラメーター
で編集します。❹は時間スケールで、左から右へ時間が
流れていきます。❺は時間インジケーターで、この時点
の映像が[コンポジション]パネルに表示されています。

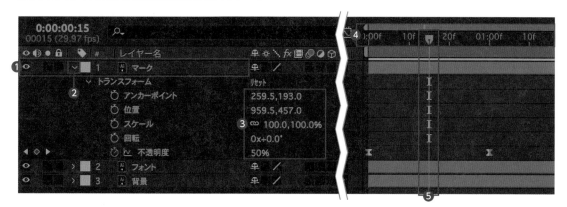

02 ワークスペースをカスタマイズする

本書ではよく使うパネルで構成されたオリジナルのワークスペースを使用します。
そのため、以下の手順でワークスペースを変更してください。

使用頻度の低いパネルを閉じる

After Effectsを起動し[新規プロジェクトを
作成]をクリックします。画面右上にある[情報]
[オーディオ][プレビュー]パネルを閉じます。
パネル名右にある❶をクリックして[パネルを
閉じる]を選択するとパネルを閉じることがで
きます。

使用頻度の高いパネルを表示する

[整列][文字][段落]パネルを表示します。[ウ
インドウ]メニューから各パネルを選択すると
表示されます。

> パネルの表示・非表示は[ウインドウ]メニュー
> からいつでも切り替えることができます。

使用頻度の高いパネルを表示する

1 パネルを選択し、他のパネルに重なるよ
うにドラッグ&ドロップするとパネルを移
動することができます。ドロップする場所
によって配置される位置が変わります。

パネルを重ねたい場合❶❷
パネルを左右に並べたい場合❸❹
パネルを上下に並べたい場合❺❻

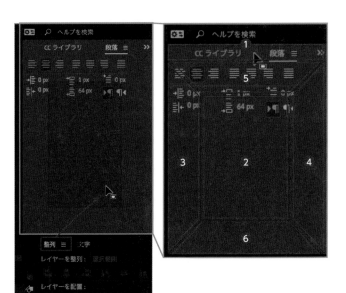

2 ここでは右図のようにパネルを配置しました。

> 右上：[エフェクト&プリセット]パネル
> 　　　[CCライブラリ]パネル
> 右下：[文字]パネル
> 　　　[整列]パネル
> 　　　[段落]パネル

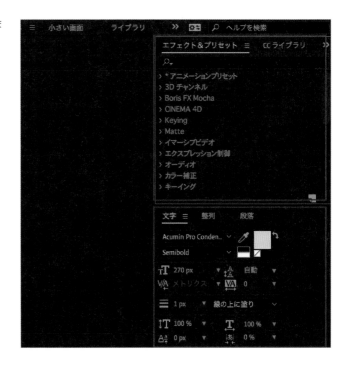

ワークスペースを保存する

1 カスタマイズしたワークスペースを保存します。[ウインドウ]メニュー→[ワークスペース]→❶[新規ワークスペースとして保存]を選択します。

2 [新規ワークスペース]ダイアログが開きます。❷任意の名前を入力し(ここでは[Basic]としました)、[OK]をクリックします。

3 ワークスペース欄に❸[Basic]が追加されます。

本書では[Basic]のワークスペースをベースに解説を進めますが、作業によっては他のパネルを表示することもあります。慣れてきたら、オリジナルのワークスペースを作ってみましょう。

03 環境設定を確認する

環境設定を確認します。
以下の方法で[環境設定]ダイアログを開き、内容を確認しておきましょう。

環境設定を開く

[After Effects]メニュー→[環境設定]→[一般設定...]を選択し、[環境設定]ダイアログを開きます。

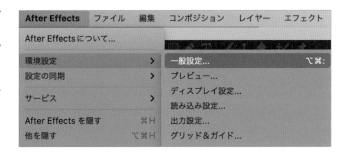

環境設定を開く

1 ❶[一般設定]をクリックします。❷[初期設定の空間補間法にリニアを使用]のチェックを入れます。このチェックをはずしていると、アニメーションを設定するとき自動的に修正されてしまう場合があります。

2 ❸[アンカーポイントを新しいシェイプレイヤーの中央に配置]にチェックを入れます。ここにチェックを入れると、シェイプレイヤーの中央に[アンカーポイント]を配置することがデフォルトになります。

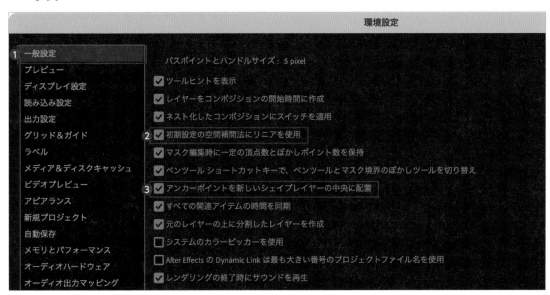

自動保存の設定をする

❶ [自動保存]をクリックします。ここではバックアップファイルの❷保存間隔最大数を設定できます。また、❸ファイルの保存先も指定できます。

> ファイルの保存先は、デフォルトでは[プロジェクトの横]になっていますが、トラブル時を考えて別の場所にしておけば安心です。

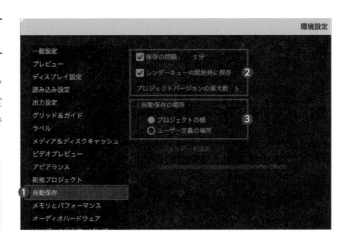

メディア&ディスクキャッシュ

編集作業中、[タイムライン]パネルの上に表示される❶のラインはキャッシュを作成&保存している表示で、その保存場所を管理するのが❷[メディア&ディスクキャッシュ]です。❶が緑で表示されているときはスムーズに作業できますが、オレンジや赤色になると作業に時間がかかるようになります。その場合は❸[ディスクキャッシュを空にする]をクリックしてキャッシュを削除してください。

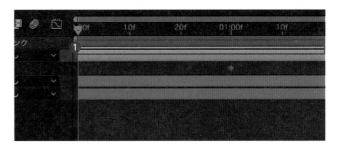

> キャッシュの保存場所を、別途SSDなどの転送速度が速く容量の大きい場所にしておくと、操作がスムーズになります。また、[編集]メニュー→[キャッシュの消去]→[すべてのメモリ&ディスクキャッシュ...]を選択しても、キャッシュを削除することができます。

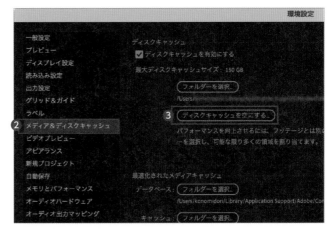

メモリとパフォーマンス

❶[メモリとパフォーマンス]をクリックすると、After Effectsに割り当てるメモリを変更できます。メモリを多く割り当てれば、パフォーマンスは向上します。

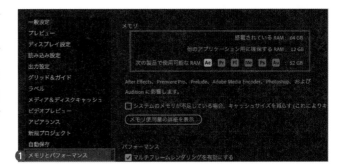

04

AEでよく使うショートカット

イラレ同様、AEの作業でもキーボードショートカットを使うと作業をスムーズに行うことができます。ここではよく使うショートカットを紹介します。

	操作内容	MAC	WIN
基本	選択ツール (基本のツール。操作ミスを防ぐために、他に用事がない時はつねにここに帰りましょう。)	V	V
コンポジションパネル	拡大率 拡大 (マウススクロールでもOK)	.	.
	拡大率 縮小 (マウススクロールでもOK)	,	,
	全体表示	shift + /	shift + /
	手のひらツール	H	H
	手のひらツールを一時的に選択	space キーを押したままドラッグ	space キーを押したままドラッグ
	タイトルアクションセーフの表示・非表示	:	:
	プロポーショナルグリッドの表示・非表示	Option + :	Alt + :
	グリッドの表示・非表示	⌘ + :	Ctrl + :
	定規の表示/非表示	⌘ + R	Ctrl + R
タイムラインパネル/再生	再生 / 停止	Space	Space
	1フレーム進む	⌘ + →	Ctrl + →
	1フレーム戻る	⌘ + ←	Ctrl + ←
	10フレーム進む	⌘ + Shift + →	Ctrl + Shift + →
	10フレーム戻る	⌘ + Shift + ←	Ctrl + Shift + ←
	ズームイン	^	^
	ズームアウト	−	−
	先頭フレームへ移動	Home または ⌘ + Option + ←	Home または Ctrl + Alt + ←
	最終フレームへ移動	End または ⌘ + Option + → (Mac ノートPC) Home = fn + ←、End = fn + →	End または Ctrl + Alt + →
タイムラインパネル/プロパティ	位置	P	P
	回転	R	R
	スケール	S	S
	不透明度	T	T
	アンカーポイント	A	A
	キーフレームの打たれたプロパティを表示	U	U
	数値を変更したプロパティを表示	U×2回	U×2回
	レイヤーのエフェクトを表示	E	E
	レイヤーのエクスプレッションを表示	E×2回	E×2回
	コンポジションの階層を移動	Tab	Tab

	操作内容	MAC	WIN
タイムラインパネル／レイヤー・キー操作	前のキーフレームに移動	I	J
	次のキーフレームに移動	J	K
	レイヤーを1フレームずつ移動	option + Page Up or Page Down (Mac ノートPC) Page Up = fn + ↑、Page Down = fn + ↓	Alt + Page Up or Page Down
	レイヤーを10フレームずつ移動	option + Shift + Page Up or Page Down	Alt + Shift + Page Up or Page Down
	選択したキーフレームを1フレーム前にシフト	option + ←	Alt + ←
	選択したキーフレームを1フレーム後にシフト	option + →	Alt + →
	レイヤーのインポイントを現在の時間に移動	[	[
	レイヤーのインポイントを現在の時間でトリム	Option + [	Alt + [
	レイヤーを前面背面に移動	⌘ + [or]	Ctrl + [or]
	レイヤーの選択	⌘ + ↑ or ↓	Ctrl + ↑ or ↓
	レイヤーの複製	⌘ + D	Ctrl + D
	レイヤーを現在の時間で分割	⌘ + Shift + D	Ctrl + Shift + D
	ワークエリアの開始点を設定	B	B
	ワークエリアの終了点を設定	N	N
	プリコンポーズ	⌘ + Shift + C	Ctrl + Shift + C
作成	平面レイヤーの作成	⌘ + Y	Ctrl + Y
	調整レイヤーの作成	⌘ + Option + Y	Ctrl + Option + Y
	ヌルレイヤーの作成	⌘ + Option + Shift + Y	Ctrl + Option + Shift + Y
	新規コンポジションの作成	⌘ + N	Ctrl + N
	コンポジションの設定	⌘ + K	Ctrl + K
出力	レンダーキューに追加	⌘ + M	Ctrl + M
	Adobe Media Encoderにキューを追加	⌘ + Option + M	Ctrl + Alt + M
イーズ	イージーイーズ	F9	F9
	キーフレーム速度	⌘ + Shift + K	Ctrl + Shift + K
便利	アンカーポイントをレイヤーの中心に移動	⌘ + Option + Home	Ctrl + Alt + Home
	中央に配置	⌘ + Home	Ctrl + Home
	モード表示/非表示	F4	F4
	すべてを選択	⌘ + A	Ctrl + A
	すべて選択解除	F2 または ⌘ + Shift + A	F2 または Ctrl + Shift + A

[こんなときどうする？ **02**]

Q. AEで読み込んだイラレデータが 見た目より大きい?

A. イラレデータでクリッピングマスクを 使用しているため

AEへ読み込んだ状態

イラレでクリッピングマスクを解除した状態

イラレ上でクリッピングマスクを使用していると、隠されているオブジェクトの範囲まで AEで読み込まれます。
余分な部分を読み込みたくない場合は、イラレの[パスファインダー機能]などを使い、 必要なオブジェクトのみの状態に整理してから読み込みするようにしましょう。

Chapter

3

◇◇◇◇◇

フェードイン／ズームインを設定する

動画演出の基本である「フェードイン」「ズームイン」を設定しながら、After Effectsの基本操作を解説します。元となるイラレデータの構造やコンポジション設定も確認しておきましょう。

01 フェードイン／ズームインとは

ふわっと現れるフェードイン、徐々にサイズが大きくなるズームイン。
この章ではこの動きを作りながらAEの基本操作を紹介します。

ロゴ上部がふわっと現れる「フェードイン」、下部は徐々に
サイズが大きくなる「ズームイン」で登場するアニメー
ションを制作します。
比較的簡単に作れるモーションですが、静止画だったもの
に動きがつくと大きく印象が変わります。

Sample
Movie ▶

Download
Data ▶ Chapter
3

Chapter 3

02

素材データを確認する

まずは元となるイラレデータの構造を確認します。
サンプルデータ「03-01」をIllustratorで開いてみましょう。

元のイラレデータの構造を確認する

1 ダウンロードデータのフォルダから
「chapter3」→「Material」→「03-01.
ai」を選択し、Illustratorで開きます。
データが動画仕様になっていることを
確認します。

サイズ：1920×1080px
裁ち落とし：0px
カラーモード：RGB

> イラレデータの仕様の確認方法はP.23〜25
> を参照してください。

2 [レイヤー]パネルを確認すると3つのレ
イヤーに分かれていることがわかりま
す。ロゴの上部と下部は個別にモーショ
ンを設定したいので、レイヤーを分けて
います。

> イラレデータを自作するときは、動かしたい
> 箇所ごとにレイヤーを分けておきましょう。

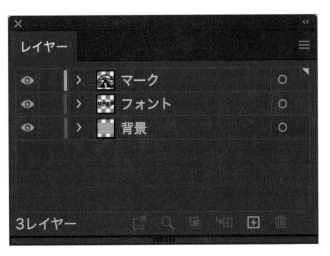

Chapter 3

03 新規プロジェクトを作成する

After Effectsを起動して新規プロジェクトを作成します。

新規プロジェクトを作成し保存する

1 After Effectsを起動します。ホーム画面左上の❶［新規プロジェクト］をクリックします。

2 ワークスペースが表示されます。上部の❷［Basic］をクリックして、カスタマイズしたワークスペースに切り替えます。

ワークスペースのカスタマイズ方法はP.36〜37を参照してください。

3 ⌘+shift+Sキーを押して、保存のダイアログを開きます。プロジェクト名を入力し、保存場所を指定して保存します。

自動保存機能でバックアップファイルを一定間隔で保存していますが、映像編集作業は時間もマシンパワーも必要としますので、⌘+Sキーでこまめに保存することをお勧めします。

素材データを読み込む

イラレデータをAEで読み込みます。
読み込みの際には必ず「読み込みの種類」を指定してください。

Chapter

3

フェードイン／ズームインを設定する

レイヤー構造を維持した状態で
イラレデータを読み込む

1 ❶プロジェクトパネルの下のスペース内でダブルクリックします。

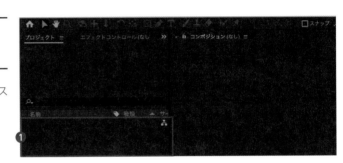

2 フォルダのダイアログが表示されたら、サンプルデータ❷[03-01.ai]を選択します。[読み込みの種類]で❸[コンポジション-レイヤーサイズ維持]を選択します。

[ここも CHECK!]

[読み込みの種類]の違い

レイヤー構造のあるイラレデータを読み込む場合、基本的には「コンポジション-レイヤーサイズを維持」を選択します。[フッテージ]で読み込むとレイヤー情報が破棄され一枚絵になってしまいます。[コンポジション-レイヤーサイズを維持][コンポジション]で読み込むとレイヤー情報は維持されますが、以下の違いがあります。

コンポジション-レイヤーサイズを維持
レイヤー情報が維持され、オブジェクトサイズで読み込まれる

コンポジション
レイヤー情報が維持され、アートボードサイズで読み込まれる

3 ［プロジェクト］パネルに❹読み込んだ
データが表示されます。

4 ［プロジェクト］パネルの❺コンポジショ
ンをダブルクリックします。

5 ［タイムライン］パネル内に、元の素材データと同じ
順で❻レイヤーが表示されます。

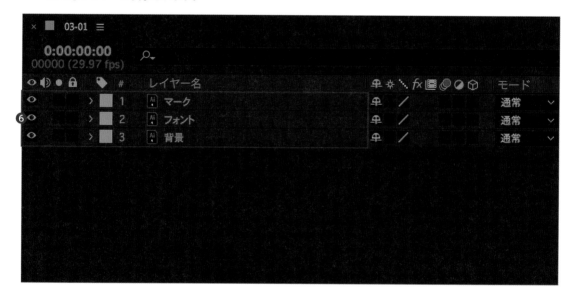

[ここも **CHECK!**]

コンポジションとは

コンポジションとはイラレで言うところのアートボードのよ
うなもので、映像の構成を入れるスペースのことです。
3Dや時間軸も含まれた箱のようなもの、と考えるといい
かもしれません。

イラレ素材を読み込む際、［読み込みの種類］を［コンポジ
ション-レイヤーサイズを維持］または［コンポジション］に
すると、レイヤー情報をコンポジションに入れた状態で［プ
ロジェクト］パネルに用意してくれます。

Chapter 3

05
コンポジションを設定する

「映像の構成を入れる作業スペース」であるコンポジションを設定します。
完成時の形式を設定してから、作業をスタートします。

コンポジションを設定する

1 ⌘+**K**キーを押して、[コンポジション設定]ダイアログを表示します。

2 以下のとおりに設定します。
設定が完了したら[OK]をクリックします。

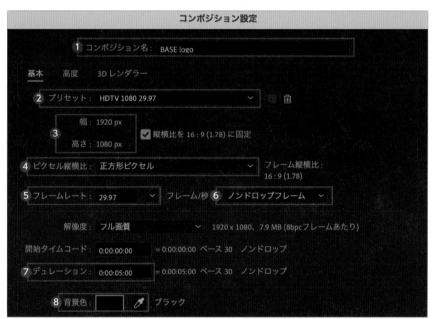

❶ [コンポジション名] 任意の名前を設定します。

❷ [プリセット]
　動画を再生するメディアを基準に決定します。
　ここでは[HDTV 1080 29.97] を選択します。

❸ [幅と高さ]
　プリセットに合わせて自動で設定されます。

❹ [ピクセル縦横比]
　基本的には[正方形ピクセル]でOKです。

❺ [フレームレート]
　1秒間に入る静止画の数です。[29.97]を選択します。

❻ [ノンドロップフレーム]
　基本的にはこの設定でOKです。

❼ [デュレーション]
　左から[時間：分：秒：フレーム] の単位で、動画全体の
　長さを表します。ここでは5秒にしたいため、
　[0:00:05:00]と入力します。

❽ [背景色]
　作業上の背景色。
　ここでは黒にしていますが、 透明に切替も可能です。

Chapter 3

06

フェードインを設定する

いよいよモーションをつける作業に取り掛かります。
主にタイムラインパネルでの操作になりますが、まずは作業内容を理解してから進めましょう。

タイムラインパネルの操作

[タイムライン]パネルでは❶[レイヤー]と❷[時間スケール]を同時に見ることができます。作業したいレイヤーを選択して、動きをつけるタイミングに❸[時間インジケーター]を合わせてキーフレームを打ち、モーションを追加していきます。

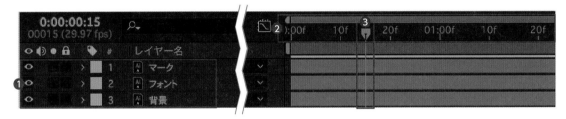

アニメーションの作り方

アニメーションを作るには、動き始める開始点と動き終わる終了点を決めて、レイヤー上に動きの切り替え点（キーフレーム）を設定していきます。フェードインのアニメーションを作るには、開始点に[不透明度0%]、終了点に

[不透明度100%]のキーフレームを設定します。なお、キーフレームとキーフレームの間の動きは自動で補完されます。

0～1秒でロゴをフェードインさせる場合

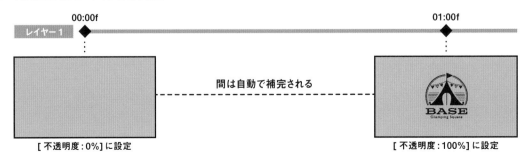

1 秒後の時点に不透明度100%の キーフレームを打つ

1 [タイムライン]パネルで「マーク」レイ
ヤー左の❶をクリックし、[トランスフォー
ム]を表示します。さらに[トランスフォー
ム]左の❷をクリックしてプロパティを
表示します。

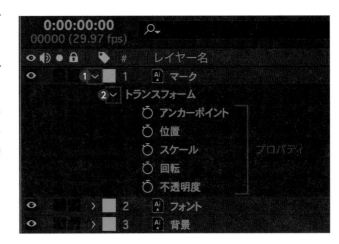

2 マークが1秒かけてふわっと出現するアニメーショ
ンをつけていきます。「マーク」レイヤーを選択した
状態で、**T**キーを押して❸[不透明度]のトランス
フォームを表示します。続いて[時間スケール]の❹
[01:00f]上をクリックして、[時間インジケーター]
を[0:00:01:00]に移動します。

> [不透明度]プロパティを表示するショートカットは**T**キー
> です。

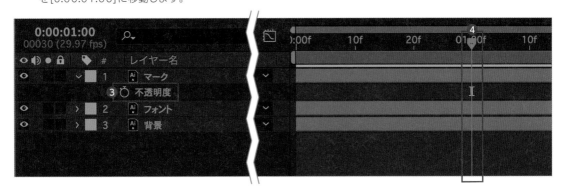

[ここも CHECK!]

[トランスフォーム]プロパティの種類と使い方

レイヤーに対して、以下の5つの項目を調整してモーションをつけていきます。
ショートカットキーを押すと、素早くプロパティを表示することができ便利です。

プロパティ名	ショートカット	機能
アンカーポイント	**A**	アニメーションの中心軸となるアンカーポイントの位置を変化させます。
位置	**P**	X座標・Y座標の値を調整し、位置を変化させます。
スケール	**S**	レイヤーのサイズを調整し、拡大・縮小させます。
回転	**R**	レイヤーを回転させます。
不透明度	**T**	不透明度を変更します。0%で非表示、100%で完全に表示されます。

3 [不透明度] 左の**❺**ストップウォッチをクリックします。ストップウォッチが青くなり、アニメーションがオンになります。すると、時間インジケーターの位置に**❻**キーフレームが打たれます。
これで[0:00:01:00]の位置に[不透明度]100%のキーが登録されたことになります。

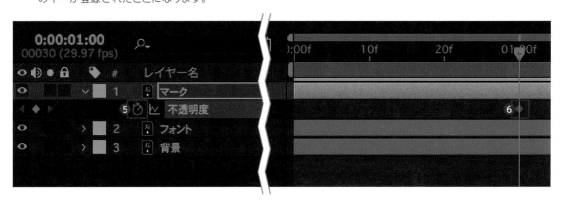

[ここも **CHECK!**]

時間インジケーターの移動方法

[時間インジケーター]を移動する方法はいくつかあります。
作業内容に合わせて使い分けるとよいでしょう。

青い先端部分をドラッグ

移動したい時間スケールの位置でクリック

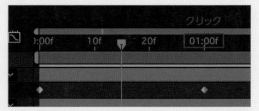

[コンポジション]パネル下の [プレビュー時間]をクリック
[時間設定]ダイアログが表示されたら時間を入力

スタート時点に不透明度0%の
キーフレームを打つ

1 `fn`+`←`キーを押して[時間インジケーター]を**❶**スタート地点 [0:00:00:00]に移動します。

> 時間インジケーターをスタート地点に戻すショートカットは `fn`+`←`キー（Winの場合は`home`）です。

2 ストップウォッチがオンになっていることを確認し、**❸**[不透明度]を[0]%にします。**❹**キーが作成されます。

> ストップウォッチがオンになっているときに、キー設定のない位置で数値変更すると、キーが作成されます。

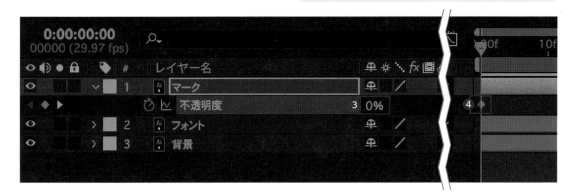

3 これで、不透明度[0]%→[100]% のフェードインができました。
`space`キーを押して、再生してみましょう。

[ここも CHECK!]

不透明度の数値を感覚的に操作する

[不透明度]の数値の上にマウスホバーすると、**❶**数値の色が白へ、カーソルが指マークに変化します。その状態で左右にドラッグすると、**❷**カーソルが矢印に変わり、数値を調整できます。左にドラッグで小さく、右にドラッグで大きい数値になります。

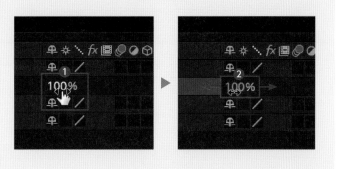

Chapter 3 ｜ フェードイン／ズームインを設定する

[ここも CHECK!]

見たい範囲だけを繰り返し再生する

[タイムライン]パネル上部にある[ワークエリア]のバーの長さを調整すると、再生したい範囲を指定することができます。先ほど作成した0秒〜1秒のフェードインを繰り返し再生する方法を紹介します。

まず、[タイムライン]パネルの[時間インジケーター]を1秒を少しすぎたあたりに移動し、Nキーを押します。これで[ワークエリア]の終了点（アウト点）が設定され、この範囲内のみを繰り返し再生できます。

なお、開始点が先頭の場合は不要ですが、[ワークエリア]の開始点（イン点）を設定するときは、[時間インジケーター]を移動後、Bキーを押します。

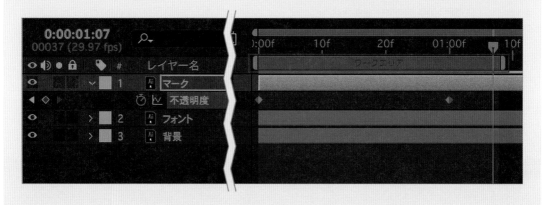

<Chapter 3>

07 ズームインを設定する

ロゴの下部分にズームインを設定します。
レイヤーの拡大縮小の設定はプロパティの[スケール]を使います。

ズームインを設定する

1 [タイムライン]パネルで「フォント」レイヤーを選択します。**S**キーを押して**❶**[スケール]のトランスフォームを表示します。

> [スケール]プロパティを表示するショートカットは**S**キーです。

2 **❷**[時間インジケーター]を[0:00:01:00]に移動し、**❸**ストップウォッチをクリックします。アニメーションがオンになり、[0:00:01:00]の位置に[スケール]100%のキーが登録されました。

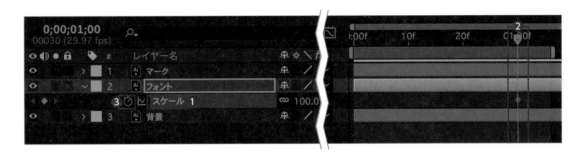

3 **❹**[時間インジケーター]を [0:00:00:15]に移動します。**❺**[スケール]の数値を[0]%と入力すると、**❻**キーが打たれます。これでズームインの設定ができました。再生して確認してみましょう。

> [時間インジケーター]の移動にはショートカットが便利です。1フレーム移動したいときは **⌘**+**←→**キー、10フレーム移動したいときは **⌘**+**Shift**+**←→** キーです。

Chapter 3

08

アニメーションに緩急をつける

アニメーションを設定しましたが、初期設定のままでは動きが直線的で機械的です。
そこで、緩急をつけて自然でなめらかな動きにします。

動きに「緩急をつける」とは

動きの開始点と終了点にキーフレームを設定すると、キーフレームの間の動きは自動で補完され、アニメーションになります。自動で補完される部分の動きは、一定の速度で変化するようになっています。

ここに[イージーイーズ]という機能を適用すると、動きの始めと終わりに緩急がつき、自然でなめらかな動きにすることができます。

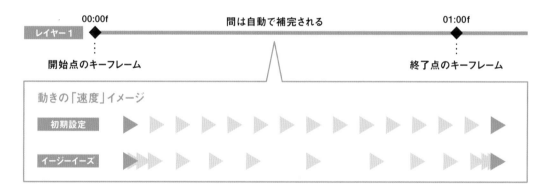

キーフレームを選択し
イージーイーズを適用する

1 ❶「フォント」レイヤーに設定した2つのキーフレームを選択します。 F9 キー（ fn ＋ F9 キー）を押すと[イージーイーズ]が適用され、キーフレームの形が❷砂時計の形に変化します。

複数のキーをまとめて選択するには、キーが含まれる範囲を対角にドラッグして囲んでください。また、 shift キーを押しながらキーをクリックしても複数選択できます。

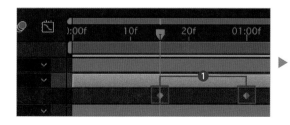

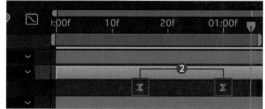

2 同様の操作で「マーク」レイヤーのキーフレームにも［イージーイーズ］を適用します。

3 これでアニメーションに緩急がつきました。再生して確認してみましょう。

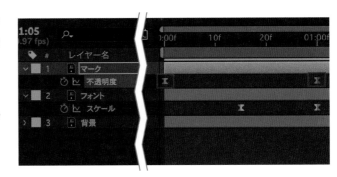

[ここも CHECK!]

バウンドの動きを追加する

［フォント］レイヤーのズームするアニメーションに、もう1つキーフレームを追加して、バウンドの動きをつける方法を紹介します。

なお、これは［イージーイーズ］を適用する前に作業する必要があります（適用後に行うと、イーズが変化してしまうため、再度すべてのキーを選択して［イージーイーズ］をかけなおしてください）。［イージーイーズ］の適用を解除するには、⌘ を押しながらキーフレームをクリックします。

1 ［フォント］レイヤーを選択し、100%ズームの2フレーム手前の❶ [0:00:00:28]に［時間インジケーター］を移動します。［スケール］の数値を❷[110]%と入力し、キーを打ちます。

2 その後、すべてのキーフレームを選択し、`F9`キー（`fn` + `F9` キー）を押して❸［イージーイーズ］を適用します。

3 フォント部分のサイズが0→110→100と変化することで、バウンドするアニメーションになりました。

09

映像を書き出す

編集が完了したら、ムービーとして書き出す作業を行います。
ここではAdobeの「Media Encorder」を使ってMP4形式に書き出す方法を紹介します。

Media Encorderとは

Media Encorderとは、Adobeのアプリ
ケーションソフトと連動して使える、映像の書
き出しや変換などを行うエンコーディングソ
フトです。通常はAfter Effectsインストー
ルの際に同時にインストールされますが、も
し入っていない場合はインストールしておい
てください。

Adobeのアプリ情報はデスクトップ右上に表
示されている❶[Creative Cloud]アイコ
ンから確認できます(Windows版ではタス
クバーに[Creative Cloud]アイコンがあり
ます)。

MP4 形式とは

動画のMP4形式とは、パソコンはもちろんス
マートフォンやタブレットなど、いろいろなデ
バイスで再生でき、YouTubeやSNSへの
アップロードにも対応している使い勝手のよ
いデータ形式です。

イラレでデザインを作成した場合、元データ
はネイティブのAI形式で保存し、閲覧用に
JPEG形式に書き出すことがあります。それ
と同様に、AEで作成した動画は元データは
AEP形式で保存、閲覧用にMP4形式に書き
出します。

	ネイティブ形式	閲覧用の保存形式
Illustrator	AI	JPEG、PDFなど
Photoshop	PSD	JPEG、PDFなど
After Effects	AEP	MP4
Premiere Pro	PRPRJ	MP4

書き出す範囲を指定する

1 ここまでに作成した動画の0～2秒の範囲を指定して書き出します。
　　`fn`＋`←`キーを押して❶[時間インジケーター]を[0:00:00:00]に移動します。`B`キーを押して❷イン点に指定します。

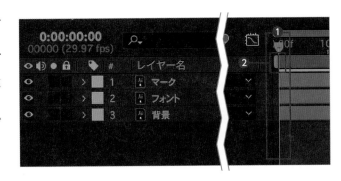

2 ❸[時間インジケーター]を[0:00:02:00]に移動し、`N`キーを押して❹アウト点を指定します。❺ワークエリアが作成されました。このワークエリアが書き出し範囲になります。

> コンポジション全体を指定したい場合はワークエリアの上でダブルクリックします。

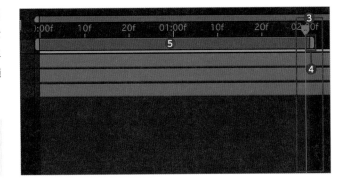

書き出し設定を行う

1 [コンポジション]パネルを選択します。[ファイル]メニュー→[書き出し]→ [Adobe Media Encoder キューに追加]を選択します。
　　Media Encoderが起動し、ワークスペースが表示されます。❶[キュー]パネルに送られたデータ名が表示されています。

> [Adobe Media Encoderキューに追加]のショートカットは `option` ＋ `⌘` ＋`M`キーです。

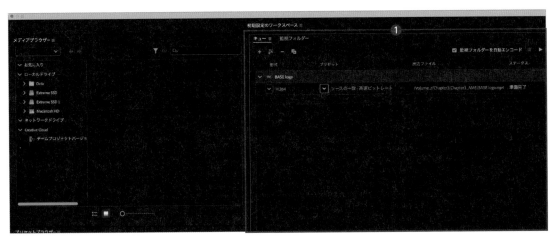

2 [キュー]パネルで書き出し設定を行います。MP4
形式に書き出すため [形式]は❷[H.264]を選択し
ます。[プリセット]も任意のプリセットを選択しま
す。ここでは❷[YouTube 1080p フル HD]を
選択しました。

保存先を指定して書き出す

1 [出力ファイル]の❶をクリックします。保存ダイア
ログが開いたら保存場所を指定します。

2 ❷[キューを開始]をクリックすると書き出しが始ま
ります。

3 書き出し中は❸[エンコーディング]パネ
ルにステータスや出力プレビューが表
示されます。

4 書き出しが完了すると、指定した保存場所にMP4
ファイルが作成されます。

BASE logo.mp4

[ここも **CHECK!**]

プリセットブラウザーでプリセットを設定する

書き出しのプリセットは、画面左下の❶[プリセットブラウ
ザー]を使って設定する方法もあります。
[プリセットブラウザー]パネルにはプリセットが目的別に
並んでおり、[Webビデオ]→❷[ソーシャルメディア]内に
WebやSNS用のプリセットが集められています。この中
からプリセットを選択し、❸[キュー]パネルへドラッグ&ド
ロップすると適用できます。複数のプリセットを適用し、ま
とめて書き出すこともできます。

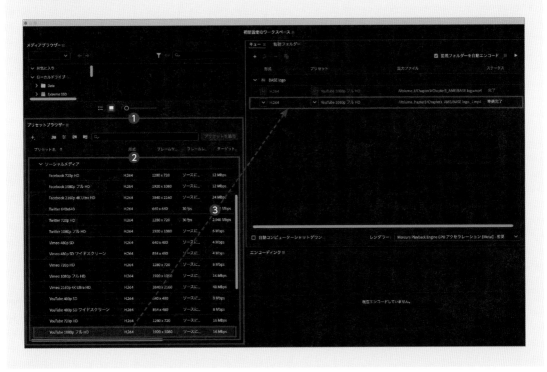

Chapter

4

◇◇◇◇◇

スライドして登場するロゴ

画面にロゴがスライドして登場するモーションを設定します。ロゴが水平に移動するモーションパスを作成したり、動きに緩急をつけたりなど、動画ならではの操作に慣れていきましょう。

01

「スライドして登場するロゴ」とは

Chapter4では、ロゴが左からスライドして表示されるモーションを作成します。
WEBサイトのトップページやバナーなど、さまざまなシーンで活用できるモーションなので、ぜひ覚えておきましょう。

イラレで組み上がった完成データをAEで読み込み、モーションをつける、という流れで解説します。キーフレーム操作や時間軸の概念など、動画制作の基本操作と感覚を学びましょう。

Chapter 4

02

素材データを確認する

まずは元となるイラレデータの構造を確認します。
サンプルデータ「04-01.ai」をIllustratorで開いてみましょう。

元のイラレデータの構造を確認する

1 ダウンロードデータのフォルダから
「chapter4」→「Material」→「04-01.
ai」を選択し、Illustratorで開きます。
データが動画仕様になっていることを確
認します。

サイズ：1920×1080px

裁ち落とし：0px

カラーモード：RGB

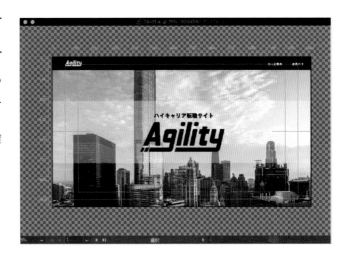

> イラレデータの仕様の確認方法はP.23〜25
> を参照してください。

2 [レイヤー]パネルを確認すると、5つの
レイヤーに分かれていることがわかり
ます。❶ロゴの「Agility」部分と「ハイ
キャリア転職サイト」部分は個別にモー
ションを設定したいので、レイヤーを分
けています。

> イラレデータを自作するときは、動かしたい
> 箇所ごとにレイヤーを分けておきましょう。

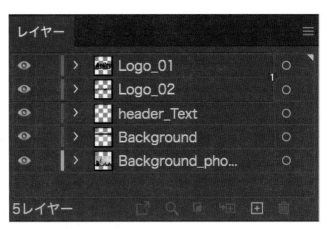

03

コンポジションを設定する

AEでイラレデータを読み込み、コンポジションを設定していきます。
コンポジションは、イラレで言うところのアートボードのようなものです。

**イラレデータを読み込み
コンポジションを保存する**

1 After Effectsを起動します。ホーム画
面左上の❶[新規プロジェクト]をクリッ
クします。

2 ワークスペースが表示されたら、プロ
ジェクトパネル内の空いている部分を
ダブルクリックします。
読み込みのダイアログが表示されたら
サンプルデータ「04-01.ai」を選択しま
す。[読み込みの種類]で❷[コンポジ
ション-レイヤーサイズを維持]を選択し、
[開く]をクリックします。

3 [プロジェクト]パネルに❸[コンポジショ
ン]としてデータが読み込まれます。

4 ⌘+Sキーを押して保存します。
ダイアログが開いたら、ファイル名に
「chap4」と入力し、保存場所を指定して
[保存]をクリックします。

コンポジション設定を確認する

1 コンポジション設定を確認します。
[プロジェクト]パネル内のコンポジション
「04-01」を選択した状態で、メニューバーから[コンポジション] →❶[コンポジション設定]を選択します。

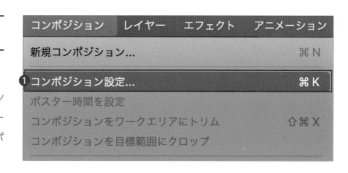

2 [コンポジション設定]のダイアログが表示されたら、以下の項目を設定します。

❷コンポジション

わかりやすい名前にします。ここでは
「Agility」にしています。

❸幅と高さ

[HDTV1080 29.97]を選択します。
[幅]1920px、[高さ]1080pxになっていることを確認します。

❹フレームレート

Web向けを想定して作成するので
[30]に変更します。

❺デュレーション

枠内をクリックし[0:00:10:00]と入力します。これでデュレーション（再生時間）が10秒になります。

[ここも CHECK!]

よく使う設定は保存しておこう

フレームレートを変更すると、プリセット名が自動的に[カスタム]に変わります。変更した設定をよく使う場合は、プリセット化しておくと便利です。プリセット右にあるボタンをクリックし、[名前の選択]ダイアログを表示します。プリセット名（ここでは「FullHD30」）を入力し、[OK]をクリックします。これでプリセットとして保存されます。作成したプリセットはプルダウン内に追加されます。

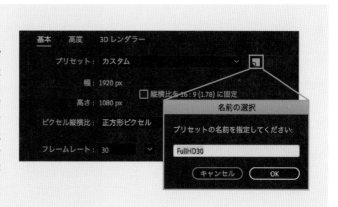

Chapter 4

04 スライドのモーションを設定する

再生したら画面左からロゴが登場し、
1秒後に中央でストップするモーションを設定します。

作業の流れ

[タイムライン]パネルで、動きの始点となる「0秒」と終点
の「1秒」の位置にキーフレームを打つ作業をします。

[00:00f]：始点 (1つめのキーフレーム)

間は自動で
補完される

[01:00f]：終点 (2つめのキーフレーム)

終点のキーフレームを設定する

1　[プロジェクト]パネルで❶コンポジション
　　[Agility]をダブルクリックします。

2 [タイムライン]パネル内に、元のイラレデータと同じ順で❷レイヤーが表示されます。

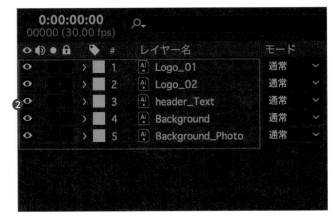

3 [タイムライン]パネルで「Logo_01」レイヤーをクリックし、**P**キーを押します。❸[位置]プロパティが表示されます。

> レイヤーの[位置]プロパティを開くショートカットは**P**キーです。

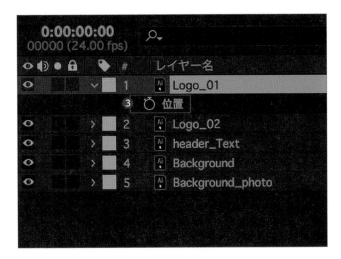

4 まず終点（ロゴがストップする点）を決めます。❹[時間インジケーター]を[0:00:01:00]の位置に移動します。

5 そのまま[位置]の左にある❺ストップウォッチをクリックします。ストップウォッチが青くなり、❻時間インジケーターが示す[0:00:01:00]にキーフレームが打たれます。これで終点が設定されました。

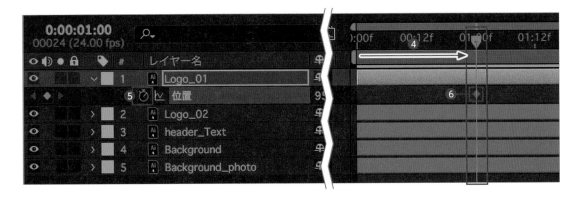

始点のキーフレームを設定する

1 次に始点の設定をします。
fn + ← キーを押して、❶ [時間インジケーター] を [0:00:00:00] の位置に戻します。

> 開始点に時間インジケーターを移動するショートカットは fn + ← キー（Winの場合は home キー）です。

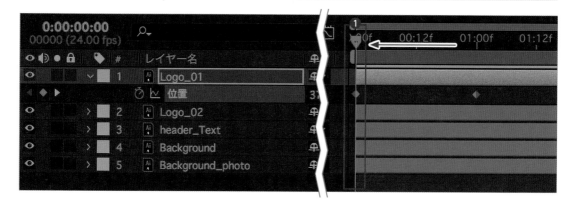

2 ロゴの位置を画面左に移動させるため、横軸の位置を表すX値を❷ [370] に設定します。
すると [0:00:00:00] の位置にも自動的に❸キーフレームが打たれます。
これで始点が設定されました。

> トランスフォームの [位置] はコンポジション左上0/0が基準になっています。X値はプラスするほど右へ、マイナスするほど左へ移動します。
> 先に設定した終点 [960] より [590] px左へ移動するため、X値を [370] にしています。

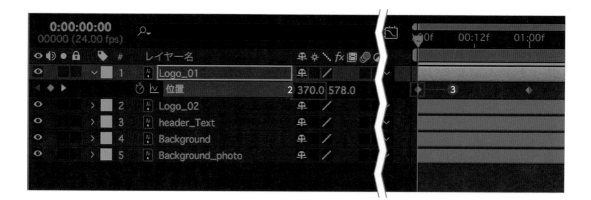

3 コンポジションパネルを確認します。[Logo_01]
が水平に移動する軌跡を表す❹モーションパスが
表示されます。

動きに緩急をつける

shift キーを押しながらクリックして2つのキーフレーム
を選択します。F9 キー（fn + F9 キー）を押して、イー
ジーイーズを適用します。
キーフレームの形が❶のように変化したらOKです。

イージーイーズの詳細はP.56〜57を参照してください。

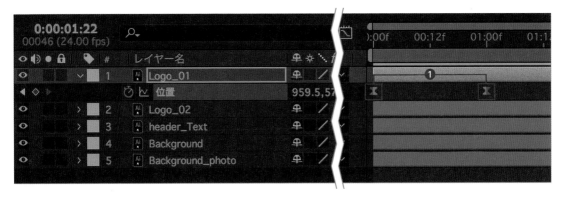

[ここも CHECK!]

グラフエディターを使って緩急をつける

アニメーションの緩急をより深掘りして調整したい場合は、「グラフエディター」を使ってみましょう。
グラフエディターとは、アニメーションの速度や変化を表したグラフのことです。今回はロゴのスライド
の動きを「**最初は速く、止まるときには少しゆっくり**」という状態に調整する方法を紹介します。

1 [Logo_01]レイヤーの[位置]を選
択した状態で、タイムラインパネル
上の❶[グラフエディター]をクリッ
クします。レイヤーの右側にグラフ
が表示されます。グラフが右図と同
じように見えない場合は、右クリック
→[速度グラフを編集]を選択しま
す。

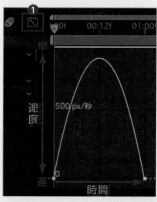
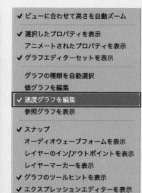

2 ❷2つ目のキーのハンドルを左へド
ラッグし、右図のようにグラフの形
状を変化させます。右上に表示され
る❸[影響]の数値が90%程度にな
る位置でドロップします。

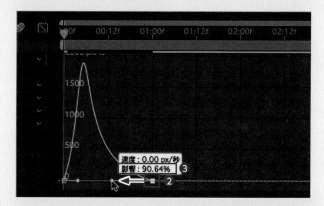

3 数値を正確に設定したい場合は、
キーをダブルクリックし[キーフレー
ム速度]ダイアログを表示します。
[入る速度]の[影響]に❹[90]を入
力し、[OK]をクリックします。

4 space キーを押して再生して確認し
てみましょう。スライドの動きに緩
急がついていることがわかります。

05

フェードインを設定する

スライドの始点・終点と同じ位置に不透明度のキーフレームを設定します。
スライドしながら徐々にロゴが現れてくるフェードインのアニメーションになります。

作業の流れ

スライドで設定した始点・終点の位置に不透明度を設定
し、スライドとともにフェードインしてくるアニメーション
を設定します。

[00:00f]：始点 (不透明度0%)

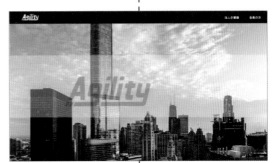

間は自動で補完される

[01:00f]：終点 (不透明度100%)

始点の不透明度を0%にする

1 shift + T キーを押して、❶[不透明度]を表示します。❷[時間インジケーター]を[0:00:01:00]の位置に移動し、[不透明度]の❸ストップウォッチをクリックします。

レイヤーの[不透明度]プロパティを開くショートカットは T キーです。[位置]プロパティを表示したまま[不透明度]も表示する場合は shift + T キーを押します。

時間インジケーターのある位置から、1つ前のキーフレームへは J キー、1つ後ろのキーフレームへは K キーを押すと移動できます。

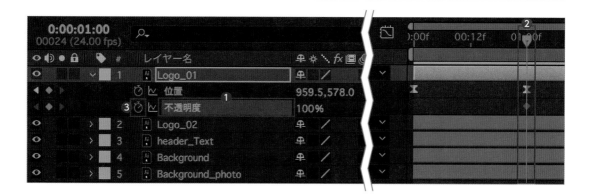

2 [時間インジケーター]を❹[0:00:00:00]の位置に移動します。[不透明度]を❺[0]%に変更します。

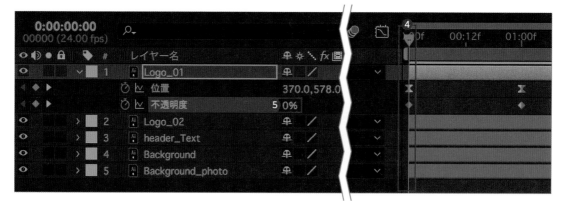

フェードインにイージーイーズをかける

2つのキーを選択し、F9 キー（ fn + F9 キー）を押して
イージーイーズをかけます。
これでスライド+フェードインのアニメーションが完成で
す。 space キーを押して、再生して確認してみましょう。

複数のキーをまとめて選択するには、キーが含まれる範囲
を対角にドラッグして囲んでください。また、 shift キー
を押しながらキーをクリックしても複数選択できます。

Chapter 4

06

アニメーションを複製して利用する

ここまでに作成したアニメーション設定を、もうひとつのロゴレイヤーにコピーします。
さらに、適用のタイミングを少しずらすことで、時間的な含みを持たせます。

アニメーションの設定を
他レイヤーにコピペして適用する

---

1 P.69〜72を参考にして、[Logo_02]レイヤーにも
スライドのモーションを設定します。

2 [Logo_01]レイヤーの❶[不透明度]のキーを選択
し、⌘ + C キーを押してコピーします。
fn + ← キーを押して[時間インジケーター]を❷
[0:00:00:00]に移動します。

> コピーした内容は、時間インジケーターのある位置を始
> 点にしてペーストされます。ペースト前に必ず位置を確
> 認しましょう。

3 [Logo_02]レイヤーを選択し shift + T キーを押
して❸[不透明度]を表示し、⌘ + V キーを押して
❹ペーストします。[不透明度]に同じタイミングで
キーが打たれていることが確認できます。

> Winの場合のショートカットは、コピーは Ctrl + C キー、
> ペーストは Ctrl + V キー、時間インジケーターを開始点
> に戻すは home です。

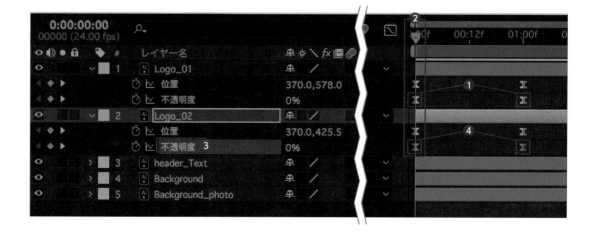

4 さらに[Logo_02]レイヤーを少し後ろへずらして
タイミングを変更します。❺[Logo_02]レイヤー
を選択し、Option + page down (fn + ↓) キーを5回押し
て、5フレーム後ろにずらします。

Winの場合は Alt + page down キーを押してください。

5 これで完成です。
space キーを押して再生して確認してみましょう。

[こんなときどうする? **03**]

Q. 書き出しでH.264を選択すると1番上に出てくる「ソースの一致」って?

A. コンポジション設定に一致させて書き出すという意味

ソースの一致
1080x1920のまま書き出される

YouTube1080p
1920x1080の中にリサイズして書き出される
余白も含めた解像度なので映像は小さくなる

「ソースの一致」は、コンポジション設定に一致させて書き出すという意味です。
たとえば9:16縦長のコンポジションをそのまま出力したければ、「ソースの一致」を選択し、さらにビットレート値を選びます。
YouTubeなどのプリセットは解像度も含めて設定されているので固定されたサイズで出力されます。

Chapter

5

〰〰〰〰

キラっと光るロゴ

イラレで作成したオブジェクトをAEで読み込み、キラッと光
るエフェクトを適用します。光の方向や幅、強さなどをアレ
ンジすることで、さまざまなイメージに仕上げることができ
ます。

01 「キラっと光るロゴ」とは

ロゴがスライドで登場し、静止したときにキラッと光るエフェクトをつけます。
さらに、フェードインやズームも付加してリッチな動画に仕上げます。

イラレの素材をCCライブラリに登録し、AE
から個別に読み込んでレイアウト、モーショ
ン、エフェクトを付加する、という流れで解説
します。キラッと光るエフェクトは、映像では
定番の表現なので、覚えておくとさまざまな
シーンで応用できます。エフェクトをかける
流れもチェックしておきましょう。

Chapter 5

02

素材をCCライブラリに登録する

まずはイラレの素材データをCCライブラリに登録します。
Chapter5では、登録した素材 (アセット)をAEから読み込んで動画制作を行います。

Chapter

5

キラっと光るロゴ

サンプルデータを
CCライブラリに登録する

1 デスクトップ右上に表示されている❶
[Creative Cloud]アイコンをクリック
して、CCアプリを起動します。

Windows版では[Creative Cloud] アイ
コンはタスクバーにあります。

2 ❷[ファイル]タブ→❸[自分のライブラ
リ]をクリックします。

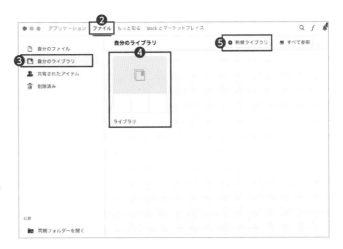

3 素材を保存しておきたい❹ライブラリ
をクリックします。または❺[新規ライブ
ラリ]をクリックして、新しいライブラリ
を作成します。

4 ダウンロードデータのフォルダから、
「chapter5」→「Material」→「05-01.
ai」「05-02.jpg」をドラッグ&ドロップし
て、❻ライブラリに追加します。

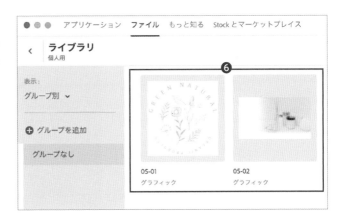

Chapter 5

03

コンポジションを設定する

AEを起動して新規プロジェクトを作成し、コンポジション設定を行います。

**新規プロジェクトを作成し
コンポジション設定を行う**

---

1 After Effectsを起動します。ホーム画面左上の❶[新規プロジェクト]をクリックします。

2 ❷[新規コンポジション]をクリックします。ダイアログが表示されたら、❸[幅][高さ]1920×1080px、❹[フレームレート]30、❺[解像度]1/2画質、❻[デュレーション]0:00:10:00に設定します。さらに、コンポジション名を❼[Botanical]にして[OK]をクリックします。

[コンポジション設定]の詳細はP.67を参照してください。

3 ⌘+Sキーを押してプロジェクトを保存します。
ダイアログが開いたら、ファイル名に「chap5」と入力し、保存場所を指定して保存します。

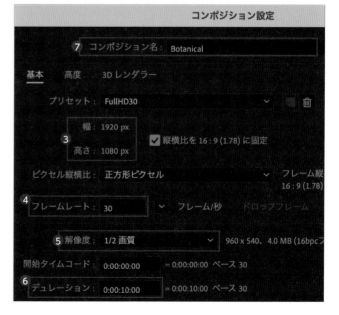

Chapter 5

04

素材を配置する

CCライブラリに登録しておいた背景とロゴをコンポジションに配置していきます。
素材を配置する操作はイラレと同じようなイメージです。

素材を読み込み配置する

1 [CCライブラリ]パネルを表示します。P.81で登録
した❶「05-02」を選択し、[コンポジション]パネル
にドラッグ&ドロップします。同様に「05-01」も配置
します。

> 本書のサンプルデータはあらかじめ動画サイズになって
> いますが、通常の素材を読み込んだ際はサイズや縦横比
> 率が合わない場合もあります。その場合は四隅の■をド
> ラッグして、サイズや位置を調整してください。

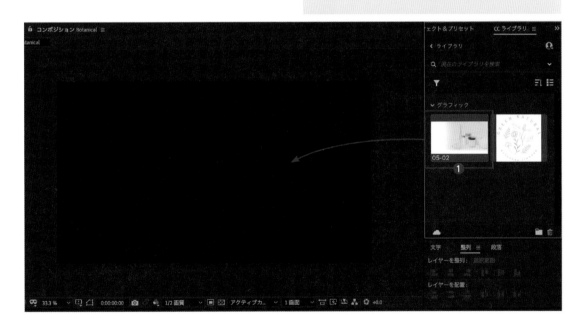

2 [コンポジション]パネルで05-02を選択
します。[整列]パネルで[左揃え][上
揃え]をクリックして位置を合わせます。

3 わかりやすいように名前を変更してお
きます。[プロジェクト]パネルで「05-
01」を右クリック→[名前を変更]を選択
します。名前を「logo」にします。同様の
手順で「05-02」→「background」に変
更します。

[プロジェクト]パネルで素材の名前を変更す
ると、[タイムライン]のレイヤー名も連動し
て変更されます。しかし、[タイムライン]で
名前を変更した場合、[プロジェクト]パネル
の素材名は変更されません。

ファイルを選択して enter キーを押しても、
名前を変更することができます。

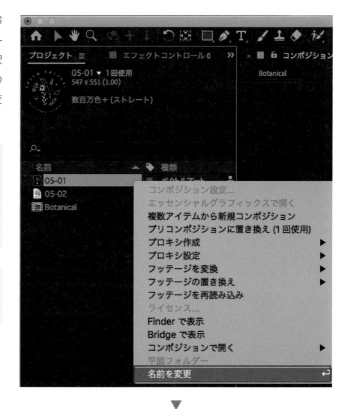

▼

Chapter 5

05 ロゴを下からスライドさせる

ロゴが下からスライドしてくるモーションを設定します。

ロゴを最終位置に配置する

---

1 ロゴが最後にストップする位置を決めます。
[コンポジション]パネルで❶ロゴを選択し、画面の
やや左寄りに配置します。

2 [整列]パネルで❷[垂直方向中央]をク
リックし、縦軸中央に配置します。

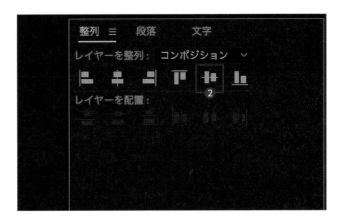

スライドのモーションをつける

1 「logo)」レイヤーを選択します。**P**キーをクリック
して[位置]プロパティを表示します。
❶[時間インジケーター]を[0:00:01:10]に移動し
ます。❷[位置]のストップウォッチをクリックすると
❸[0:00:01:10]にキーフレームが打たれます。
これで終点が設定されました。

> [位置]プロパティを表示するショートカットは**P**キーです。

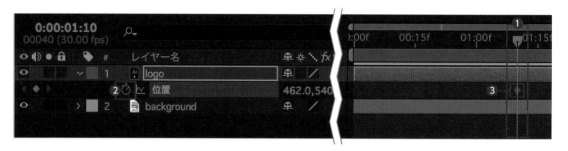

2 次に、ロゴの最初の位置を決めます。
fn+**◀**キーを押して❹[時間インジケーター]を
[0:00:00:00]に移動します。[位置]のY値を❺
[1600]にします。自動的にキーフレームが打たれ、
始点が設定されました。

> 開始点に時間インジケーターを移動するショートカットは
> **fn**+**◀**キー(Winの場合は**home**)です。

3 これで下からスライドするモーションが完成です。
再生して確認してみましょう。

06

グラフエディターで緩急をつける

動き始めは速く、後半はじわっと止まるような緩急をつけてみます。
イージーイーズだけとは違った印象になります。

イージーイーズを適用する

1 設定した2つのキーフレームを選択します。**F9**（**fn** + **F9** キー）を押してイージーイーズを適用します。

グラフエディターで調整する

1 「logo」レイヤーの[位置]を選択した状態で、[タイムライン]パネル上の❶[グラフエディター]をクリックします。レイヤーの右側にグラフが表示されます。

> グラフが右図と同じように見えない場合は、右クリック→[速度グラフを編集]を選択してください。

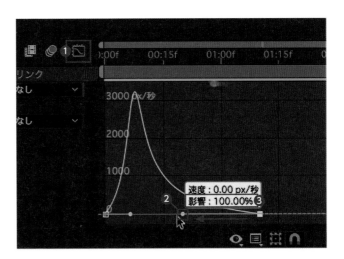

2 ❷のハンドルを左へドラッグし、グラフの形状を変化させます。右上に表示される❸[影響]の数値が最大の100%になったらドロップします。

3 さらに❹左の黄色いキーのハンドルを左へドラッグして、右図のような形にします。

4 動き始めは速く、じわっと止まるような緩急がつきました。再生して確認してみましょう。

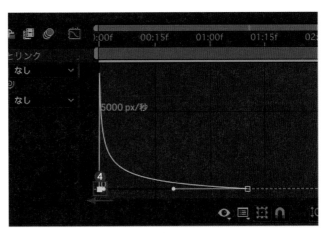

Chapter 5

07

フェードイン&フェードアウトを設定する

ロゴがフェードインでふわっと現れ、
フェードアウトでふわっと消えるアニメーションを作成します。

フェードインを設定する

---

1 まずはロゴが完全に出現する地点（[不透明度]
100%となる地点）を決めます。❶[時間インジケーター]を[0:00:01:10]に移動します。

2 「logo」レイヤーを選択した状態で、shift + T キーを押して[不透明度]を表示させ、❷ストップウォッチをクリックします。❸キーフレームが打たれました。

> [不透明度]プロパティを開くショートカットは T キーです。
> [位置]プロパティを表示したまま[不透明度]も表示する
> 場合は shift + T キーを押します。

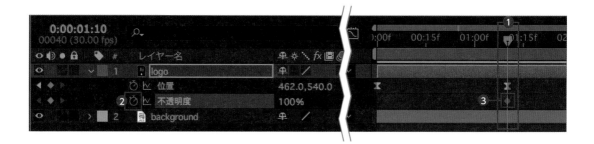

3 次にフェードインの始まり（[不透明度]0%）を設定します。fn + ← キーを押して❹[時間インジケーター]を[0:00:00:00]の位置に戻し、❺[不透明度]を[0]%に変更するとキーフレームが打たれます。

4 2つのキーフレームを選択し、F9 キー（ fn + F9 キー）を押して[イージーイーズ]をつけておきます。

フェードアウトを設定する

1 フェードアウトが始まる地点を決めます。ここでは[0:00:04:10]から消え始め、[0:00:05:00]で完全に消えるように設定します。

2 ❶[時間インジケーター]を[0:00:04:10]に移動し、ストップウォッチの左側にある❷[キーの追加]をクリックします。フェードアウトの始点のキーフレームが追加されます。

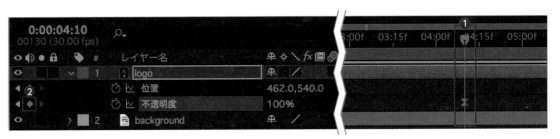

3 ロゴが完全に消える地点を決めます。
❸[時間インジケーター]を[0:00:05:00]に移動し、❹[不透明度]を[0]%に変更します。

4 自動的にフェードアウトの終点のキーフレームが打たれます。2つのキーフレームを選択し、F9 キー（ fn + F9 キー）を押して[イージーイーズ]をかけます。

5 フェードイン&フェードアウトの設定ができました。
再生して確認してみましょう。

[ここも CHECK!]

アニメーションのタイミングを変更するには

一度設定したタイミングを変更したい場合は、キーフレームをドラッグして移動します。

フェードアウト開始を[0:00:04:10] → [0:00:05:00]に変更する場合

[不透明度]の[0:00:04:10]と[0:00:05:00]の2つのキーフレームを選択し、一緒に後ろへドラッグします。

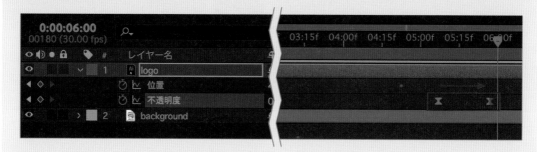

フェードアウト終了をもっと遅くしたい場合

最後のキーフレームだけを後ろへドラッグすれば、ずらした分だけ消えていくタイミングが長くなります。

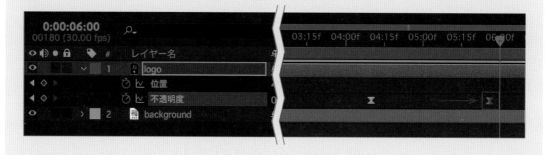

Chapter 5
08

キラっと光るエフェクトをつける

エフェクトを使ってロゴをキラっと光らせます。
ここでは「CC Light sweep」という棒状の反射光を横切らせるエフェクトを使います。

エフェクトとは

AEの[エフェクト]は、イラレの[効果]と似たような機能です。適用するだけで元のオブジェクトを加工して魅力的な見え方にしてくれます。

加工の強弱やサイズ、色などを調整できるのはイラレの[効果]と同じですが、[エフェクト]の場合は適用時間やスピードも設定する必要があります。

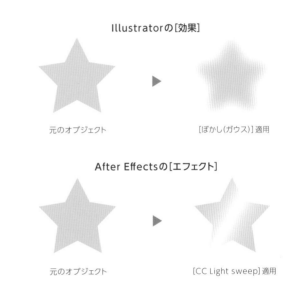

Illustratorの[効果]

元のオブジェクト　　　　　　[ぼかし(ガウス)]適用

After Effectsの[エフェクト]

元のオブジェクト　　　　　[CC Light sweep]適用

エフェクトの適用方法

[エフェクト]を適用するには、❶[エフェクト&プリセット]パネルで使いたいエフェクトを選択し、[タイムライン]パネルのレイヤーにドラッグ&ドロップします。または、レイヤー選択後、エフェクトをダブルクリックしても適用できます。

AEにはたくさんの種類のエフェクトが用意されているため、[エフェクト&プリセット]パネルではカテゴリごとにフォルダ分けされています。そのため、まずはカテゴリ名を覚えることから始めましょう。なお、あらかじめ使いたいエフェクトの名称がわかっている場合は、❷上部の検索窓に名称を入力して検索するのが早くて便利です。

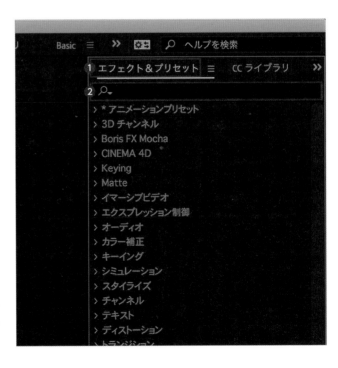

エフェクトを適用する

1 [エフェクト＆プリセット]パネルから❶
[描画]→❷[CC Light sweep]を選択
し、[タイムライン]パネルの「logo」レ
イヤーにドラッグ＆ドロップします。

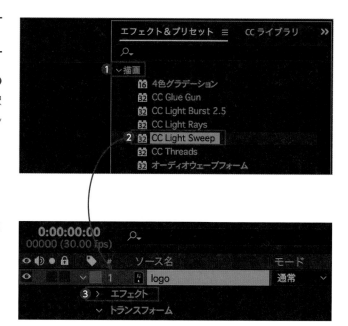

2 「logo」レイヤーの下に❸[エフェクト]
が追加されていればOKです。

3 エフェクトを適用すると、ワークスペース左上に❹
[エフェクトコントロール]パネルが表示されます。
ここで詳細設定をしていきます。また[コンポジショ
ン]パネルでは❺プレビューを確認できます。
この時点で[CC Light sweep]のデフォルト設定
が適用されているため、❻ロゴに棒状の斜めの光
が差しているのが見えます。

エフェクトの設定をする

1 [0:00:01:20]から[0:00:02:20]に
かけて光が横切るアニメーションをつ
けます。[時間インジケーター]を
[0:00:01:20]に移動しておきます。

2 [エフェクトコントロール]パネルの[Center]の❶
をクリックします。[コンポジション]パネルに光の
中心点が表示されます。この❷中心点をロゴの中
心にドラッグします。

3 [エフェクトコントロール]パネルで光の
設定を行います。ここでは以下のとおり
に設定しました。

❸ [Direction](光の方向)=-30.0°
❹ [Width](光の幅)=50.0
❺ [Sweep Intensity]
(光の明るさの強さ)=25.0
❻ [Light Color](光の色)=白

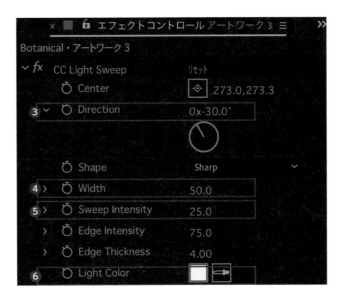

4 光の設定が決まったら、キーフレームをつけていきます。[コンポジション]パネルで❼中心点を shift キーを押しながら左の画面外までドラッグします。この位置が横切る光の始点になります。

5 [Center]左の❽ストップウォッチをクリックします。[タイムライン]パネルにキーフレームが打たれます。

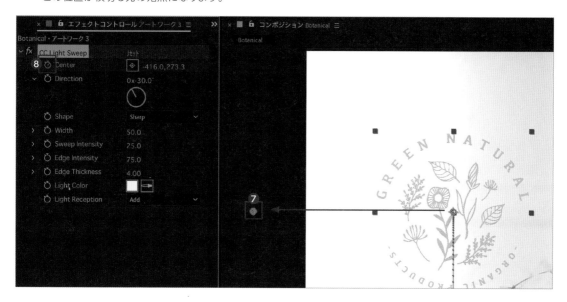

6 ❾[時間インジケーター]を[0:00:02:20]へ移動します。❿中心点を shift キーを押しながら右に移動します。自動的にキーフレームが打たれ、これが終点となります。

7 これでキラッと光るアニメーションが完成です。再生して確認してみましょう。

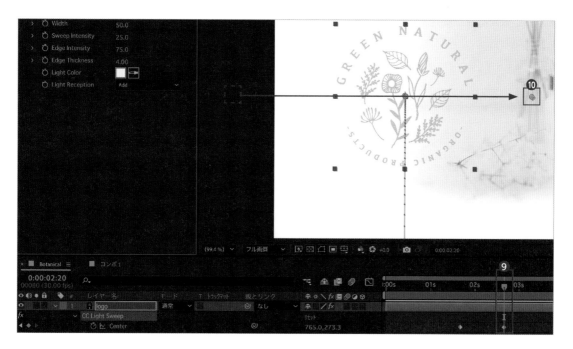

09

背景にズームをつける

最後に背景にズームをつけます。
ロゴのアニメーションが終わった後も、動く要素を入れておくほうが人間は自然に感じるものです。

ズームを設定する

1 [タイムライン]パネルで[background]レイヤーを選択し、**S**キーを押して[スケール]を表示します。

2 ❶[時間インジケーター]を[0:00:00:00]の位置に移動し、数値は[100]%のまま、[スケール]左の❷ストップウォッチをクリックします。

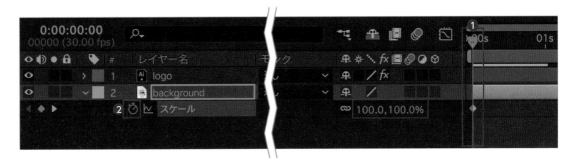

3 ❸[時間インジケーター]をシーンの最後となる[0:00:06:00]に移動し、[スケール]を❹[110]%に変更します。

4 これですべてのアニメーションが完成しました。
再生して確認してみましょう。
保存もしておいてください。

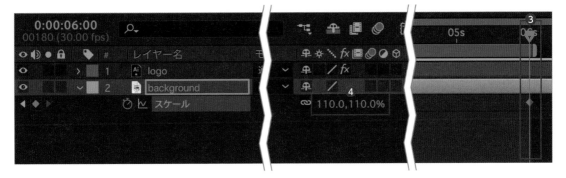

次ページからは、映像を書き出す方法を解説します。
一般的なMP4形式のほか、背景が透明な動画素材として書き出す方法も紹介します。

背景が透明な動画素材として書き出す

フェードイン&アウトとキラっと光るエフェクトを適用したロゴのアニメーションを、
背景が透明な動画素材として書き出します。

背景が透明な動画素材とは

AEでアニメーションを設定するのは手間がか
かりますが、一度作成したアニメーションを背
景が透明な状態で書き出しておけば、他の動
画素材に重ねて使える動画クリップとして活
用できます。イメージとしては、Photoshop
のアルファチャンネル付きデータやPNG形式
のようなものです。

AEで作成した動画は、編集作業用の高画質
な映像や背景が透明の動画素材 (アルファ付
きデータ)に書き出すことができます。

背景が透明な動画素材

他の動画に重ねて使える

書き出しの準備をする

1 ここまでに作成した動画をAEで開きま
す。[タイムライン]パネルで❶をクリッ
クして「background」レイヤーを非表
示にします。

2 [コンポジション]パネル下の❷[透明グ
リッド]をクリックして、背景を透過表示に
します。これでロゴ部分を書き出す準備
ができました。

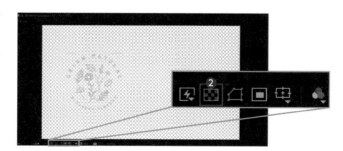

書き出し設定をして書き出す

1 [コンポジション]メニュー→[レンダーキューに追加]をクリックします。[タイムライン]パネルが[レンダーキュー]パネルに切り替わります。[出力モジュール]の❶青い文字をクリックします。

[レンダキューに追加]のショートカットは control + ⌘ + M キーです。

2 [出力モジュール設定]ダイアログが開きます。
[形式]で❷[QuickTime]を選択します。❸[形式オプション]をクリックします。

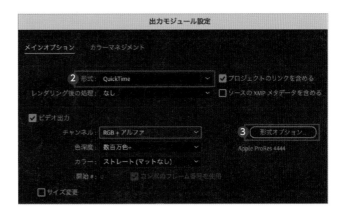

3 [QuickTimeオプション]ダイアログが開きます。[ビデオコーデック]で❹[Apple ProRes4444]を選択し、[OK]をクリックします。

「コーデック」とは動画の圧縮形式です。[Apple ProRes4444]は高画質かつアルファ付き書き出しができるコーデックです。

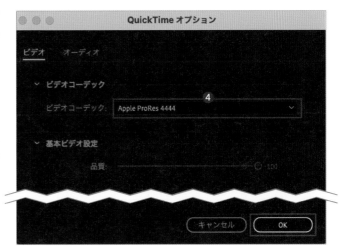

4 出力モジュール設定ダイアログに戻ります。
[チャンネル]で❺[RGB＋アルファ]、[カラー]で❻[ストレート(マットなし)]を選択します。
[OK]をクリックして閉じます。

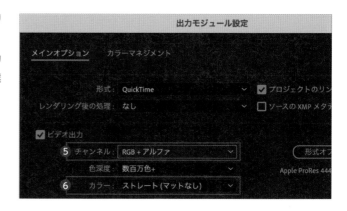

5 [レンダーキューパネル]に戻ります。
❼[出力先] の青い文字をクリックして、ファイル名と出力先を指定します。❽[レンダリング]をクリックすると出力が始まります。

6 出力されたファイルはFinder上では背景が黒く見えますが、実際には背景が透明な状態になっています。Premiere Proなどの動画編集ソフトで使いたいとき、AEのコンポジションを読み込むよりも再生が軽く、素材として扱いやすい利点があります。

Botanical_alpha.mov

出力設定を保存する

よく使う出力設定は保存しておくと便利です。
ここではプリセットとして保存する方法を紹介
します。

1 [レンダーキュー]パネルの❶[出力モ
ジュール]を右クリックして、❷[テンプ
レートを作成]を選択します。

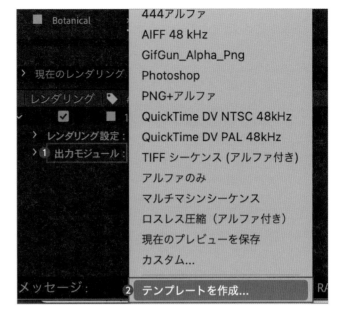

2 [出力モジュールテンプレート]ダイアログが表示さ
れます。❸[設定名]で任意の名前を入力し、[OK]
をクリックします。
これで次回からはプリセットとして表示されるよう
になります。

出力モジュールテンプレート

初期設定

ムービーの初期設定：	高品質
フレームの初期設定：	Photoshop
現在のプレビューのデフォルトを保存：	高品質
プリレンダリングのデフォルト：	アルファ付き高品質
ムービープロキシの初期設定：	アルファ付き高品質

設定

❸ 設定名： ProRes4444アルファ

（ 新規... ）（ 編集... ）（ 複製 ）（ 削除 ）

形式：QuickTime
出力情報：Apple ProRes 4444

埋め込み：プロジェクトのリンク
オーディオ出力：48,000 kHz / 16 bit / ステレオ(コンポジションにオーディオがある場合)

レンダリング後の処理：なし

チャンネル：RGB+アルファ
深度：数百万色+
カラー：ストレート
サイズ変更：-
クロップ：-
最終サイズ：-
プロファイル：作業用スペース
プロファイルの埋め込み：オフ

（ すべてを保存... ）（ 読み込み... ）　　　　　　　（ キャンセル ）（ OK ）

Chapter

6

◇◇◇◇◇◇

動くクリスマスカード

イラレで作成したクリスマスカードをAEで読み込み、キャラや背景が動くアニメーションを設定していきます。髪の毛を揺らしたり、背景で雪が降ったりなど、ほんの少し動かすだけでも静止画とは違った印象になります。

01 「動くクリスマスカード」とは

Illustratorで作成したクリスマスカードのイラストにモーションをつけていきます。
基本のキーフレーム操作をベースに、ほんの少し動きをつけるだけで、
イラストの中に時間が流れはじめます。

女の子が窓の外の雪を眺めていると、何かが横切り…?!

 ▶

02

素材データを確認する

まずは元となるイラレデータの構造を確認します。
サンプルデータ「06-01.ai」をIllustratorで開いてみましょう。

Chapter
6
動くクリスマスカード

元のイラレデータの構造を確認する

1 ダウンロードデータのフォルダから
「chapter6」→「Material」→「06-01.
ai」を選択し、Illustratorで開きます。
データが動画仕様になっていることを確
認します。

サイズ：1920×1080px
裁ち落とし：0px
カラーモード：RGB

2 全部で21レイヤー作成されています。
今回は湯気、髪の毛、目、口、雪、サンタ
の6つに動きをつけるため、それらの
パートが動かしやすいようにレイヤー分
けをしました。
口には[mouth1][mouth2]の2レイ
ヤーが用意してあり、ひとつは非表示に
なっています。これは、アニメーションの
途中のシーンで切り替えるためです。
さらに、自然な動きをつけるために女の
子の頭やからだもパーツごとにレイヤー
分けしてあります。

コンポジションを設定する

AEを起動してイラレデータを読み込みます。
コンポジション設定を確認し、タイムラインにレイヤーを表示させます。

イラレデータを読み込み
コンポジションを保存する

---

1 After Effectsを起動します。ホーム画面左上の❶[新規プロジェクト]をクリックします。

2 ワークスペースが表示されたら、プロジェクトパネル内の空いている部分をダブルクリックします。
読み込みのダイアログが表示されたらサンプルデータ「06-01.ai」を選択します。[読み込みの種類]で❷[コンポジション-レイヤーサイズを維持]を選択し、[開く]をクリックします。

3 [プロジェクト]パネルに❸[コンポジション]としてデータが読み込まれます。

4 ⌘+Ｓキーを押して保存します。
ダイアログが開いたら、ファイル名に「chap6」と入力し、保存場所を指定して[保存]をクリックします。

コンポジション設定を確認する

1 ⌘+Kキーを押してコンポジション
設定のダイアログを開いたら、❶[幅]
[高さ]1920×1080px、❷[フレーム
レート]30、❸[デュレーション]6秒に設
定します。
さらに、コンポジション名を
❹[Christmas]にして[OK]をクリック
します。

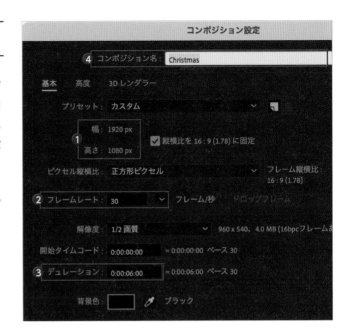

2 プロジェクトパネルの❺[Christmas]コンポジショ
ンをダブルクリックします。コンポジションが開き、
タイムラインパネルに❻レイヤーが表示されます。

Chapter 6

04 レイヤーをラベルカラーでグループ分けする

アニメーションするグループごとにラベルカラーを変更しておくと、
作業がやりやすくなります。

ラベルカラーを設定する

1 タイムラインパネルで、[hair…]レイヤーをすべて
クリックして選択します。

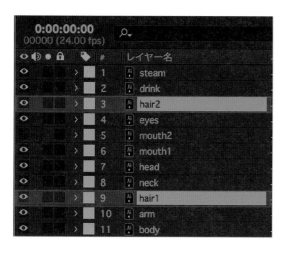

2 レイヤーの❶ラベルを右クリックするとラベルカ
ラーのプルダウンが表示されます。任意の色を選
択します（ここではイエローにしました）。

3 [hair]レイヤーのラベル色が変更され
ました。

同様の方法で、他のレイヤーもグループ
ごとにラベルカラーを変更しましょう。

05

レイヤーに親子関係をつける

顔と目・髪、体と首・腕のように、連動して動かしたいレイヤーに親子関係をつけます。
親レイヤーを動かすと、子レイヤーも連動して動くようになります。

Chapter

6

動くクリスマスカード

「親とリンク」機能を使う

女の子が上を向くと、髪がふわりと揺れる動きをつけま
す。顔と髪の毛、首などが連動して動くように、レイヤー
同士に親子関係のリンクをつけていきます。ここでは
After Effectsのとても便利な機能のひとつ「親とリン
ク」を使ってみましょう。

レイヤーをリンクさせる

1 まず[head]レイヤーを親にして、[hair]と[eye]
などの顔パーツレイヤーを子としてリンクします。
[hair2]レイヤーを選択します。[タイムライン]パ
ネルで❶[親とリンク]列を見つけてください。

❷でプルダウンで選択するか、❸左のうずまきマーク、
[ピックウィップ]を親レイヤーへドラッグしてリンクさせ
ます。[hair2]レイヤーが[head]レイヤーの子レイヤー
になります。

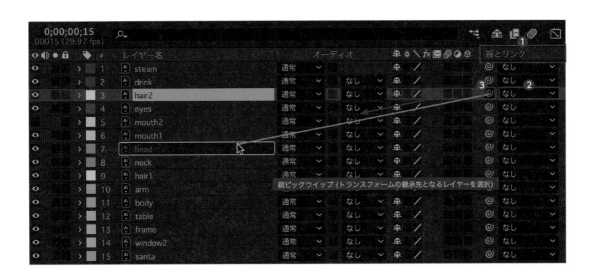

[ここもCHECK!]

[親とリンク]列が見つからない場合

レイヤー上部の任意の場所を右クリックして
[列を表示]→[親とリンク]を選択すると表示
できます。

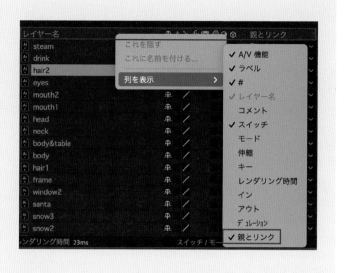

2 他のレイヤーも、[head]レイヤーにまとめて親子
づけしましょう。

[eyes] [mouth1] [mouth2] [hair1]レイヤー
を複数選択して、同じように[ピックウィップ]を使う
か、[親とリンク]のプルダウンメニューから選択し
ます。

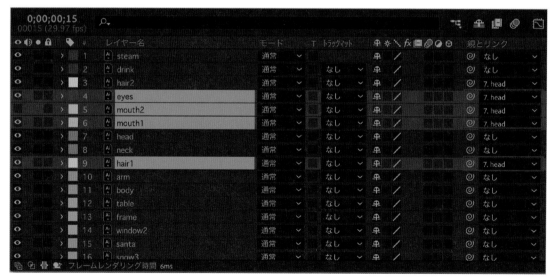

3 これで[head]レイヤーを動かすと、すべての子レイヤーが一緒に動くようになります。

 ►

4 [head]レイヤーを[neck]レイヤーにリンクさせます❶。最後に[neck]レイヤーと [arm]レイヤーを[body]レイヤーにリンクさせます❷。これでセットアップ完了です。

06

ポニーテールを揺らす

ポニーテールがゆらゆらと揺れる動きをつけます。
まずは回転軸を髪の根元に設定し、その後、回転のキーフレームを打っていきます。

アンカーポイントの設定

アンカーポイントは、回転など動きをつける
ときの軸となるポイントです。
初めはどのオブジェクトにも中心に配置され
ているため、そのままだと不自然な動きにな
る場合があります。自然な回転にするために、
パーツによってアンカーポイントの位置を調
整しましょう。

アンカーポイント修正前　　　　　アンカーポイント修正後

ポニーテールの
アンカーポイント位置を変更する

1 Ｙキーを押して、アンカーポイントツー
ルにします。
[タイムライン]パネルで「hair1」レイ
ヤーを選択し、❶アンカーポイントを表
示します。髪の付け根を支点に動かし
たいので、アンカーポイントを上にド
ラッグして移動します。

[ここも CHECK!]

アンカーポイントが表示されない時は

[ビュー]メニュー→[レイヤーコントロールを表示]にチェックを入れてオンの状態にします。⌘ + shift + H キーでもオン/オフの切り替えができます。

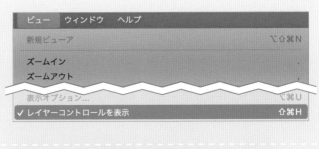

作業するパーツだけ表示したい

レイヤー左にあるソロスイッチをクリックし、オンにすると選択したレイヤーだけを表示できます。

2 R キーを押して、[hair1]レイヤーの[回転]プロパティを表示します。❷[時間インジケーター]を[0:00:01:00]の位置に移動し、❸[回転]のストップウォッチをクリックします。

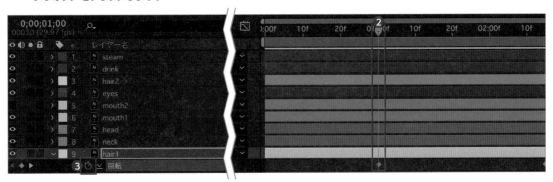

3 次に、[時間インジケーター]を❹[0:00:02:15]に移動し、角度を❺[2]°に設定します。

4 同じ要領であと4つのキーを打ちます。❻[時間イ
ンジケーター]を[0:00:04:00]に移動し、[-5]°に
設定します。

5 また、上を向いたあと余韻をつけたいので、❼
[0:00:04:20] で[+1]°、❽[0:00:05:10]で[-1]°、
❾[0:00:05:29]で[0]°に設定します。

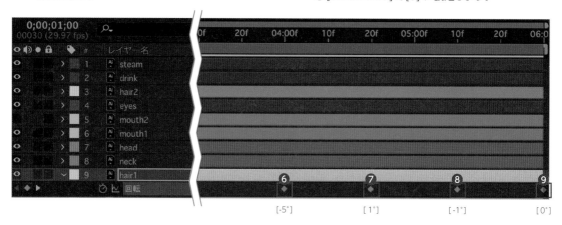

6 すべてのキーを選択し、 F9 キー(fn + F9 キー)
を押してイージーイーズを適用します。

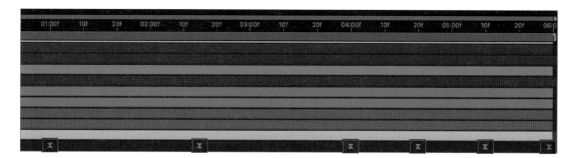

Chapter 6

07

前髪を揺らす

前髪にもゆらゆらと揺れる動きをつけます。手順はポニーテールの場合とほぼ同じです。

前髪を揺らす動きをつける

1 [hair2]レイヤーも動かします。
P.110と同じ方法で、[hair2]レイヤー
の前髪が自然に揺れるようにアンカー
ポイントを付け根あたりに移動します。

2 [回転]のキーフレームを設定して動きをつけます。
Rキーを押して、[hair2]レイヤーの[回転]プロパ
ティを表示します。[時間インジケーター]が
[0:00:01:00]の位置の状態で、[回転]左のストッ
プウォッチをクリックします。

3 続けて3つのキーを追加します。それぞれ、**❶**
[0:00:02:15]で[+1]°、**❷**[0:00:04:00]で[-1]°、
❸[0:00:05:15]で[0]°と設定します。

4 合計4つのキーフレームを選択し、**F9**キー（**fn** +
F9キー）を押してイージーイーズをつけます。

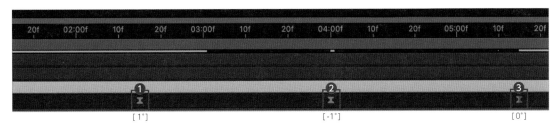

[1°]　　　　　　　　　　　　　[-1°]　　　　　　　　　　　　　　[0°]

前髪とポニーテールの動くタイミングをずらす

ここまでの作業で、前髪とポニーテールに回転の動きをつけました。
しかし、両者が同じタイミングで動くと不自然に感じられます。
そこで、前髪に打ったキーフレームを少し後ろにずらして、動くタイミングをずらします。

キーフレームを移動する

---

1 自然な揺れを表現するために、[hair2]レイヤー
（前髪）のタイミングを少し後ろにずらします。
[hair2]レイヤーの❶[回転]プロパティをクリック
してキーフレームをすべて選択します。

2 option を押しながら➡キーを2回押して、キーフ
レームを2フレーム後ろに移動します。

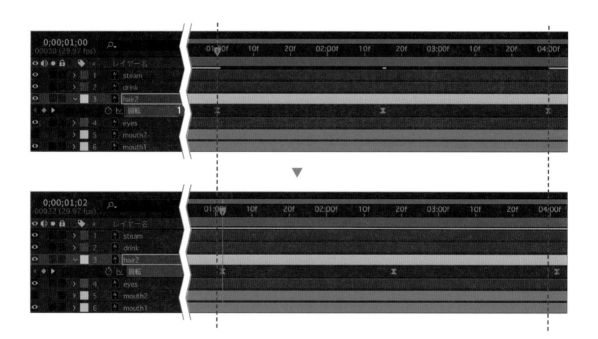

Chapter 6

09

頭の動きをつける

窓の外をサンタが横切るタイミングで、女の子が顔を見上げる動きをつけます。
頭と髪はレイヤーを親子づけしているため、頭の動きをつけると先に設定した髪の毛の動
きが生きてきます。

コンポジションマーカーを追加する

---

1 まず、サンタに気づく地点を決めます。そこを基準
に女の子やサンタのタイミングをとります。
時間スケールの右端に❶コンポジションマーカーが
あります。このマーカーを左にドラッグしてタイム
ラインにマーカーを追加することができます。❷
[0:00:02:10]にマーカーをつけます。

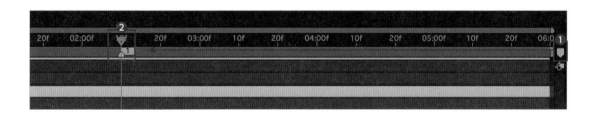

2 マーカーをダブルクリックするとコメン
トをつけられるので、[??!]と入力しま
す。右下の[OK]をクリックします。

3 マーカーにコメント[??!]が表示されました。

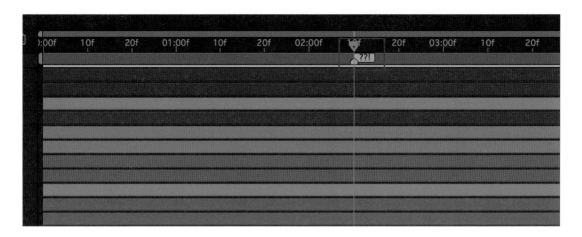

頭が揺れる動きをつける

1 [head]レイヤーを選択し、**R**キーを押して[回転]
プロパティを表示します。
❶[0:00:01:00]で[0]°、**❷**[0:00:02:10]で[-1]°、
❸[0:00:03:20]で[+1]°、**❹**[0:00:05:05]で[0]°
と合計4つのキーフレームを設定し、**F9**キー(**fn**
+ **F9**キー)を押してイージーイーズをつけます。

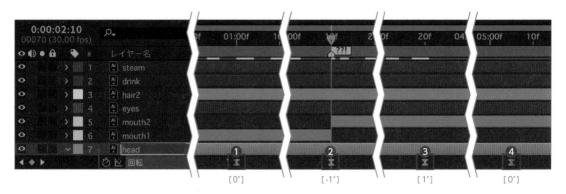

2 [body]レイヤーの[回転]プロパティにも、同じ数
値とタイミングでキーフレームを設定します。

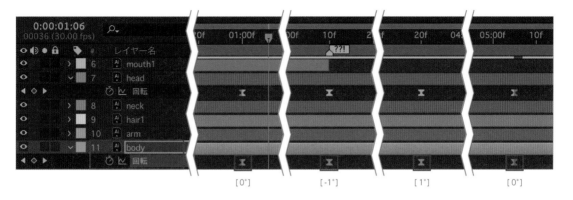

3 [body]レイヤーのキーフレームをすべて選択し、
option を押しながら➡キーを2回押して、キーフ
レームを2フレームうしろへ移動します。

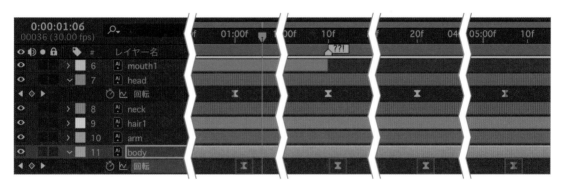

4 女の子が見上げる設定ができました。
再生して確認してみましょう。

53228228222222212222

10 口の形を変化させる

女の子が見上げるタイミングで口の形を変化させます。
口はあらかじめ2種類のレイヤーを用意していますので、タイミングに合わせて表示レイヤーを切り替える設定を行います。

レイヤーを分割する

1 [??!]ポイントへインジケーターを移動します。

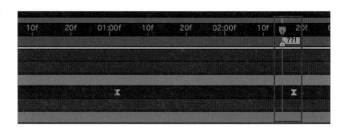

2 [mouth2]レイヤー を選択し、⌘+Shift+D キーを押して分割します。

[mouth2]レイヤーはIllustratorデータで非表示にしてありますので、After Effectsでもレイヤーは非表示になっています。

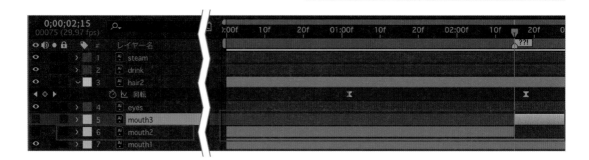

[ここも CHECK!]

レイヤーを分割とは

⌘+shift+Dキーを押してレイヤーを分割すると、時間インジケーターの前と後にレイヤーが分割されます。動画の途中まで表示させたい、または途中から表示させたいレイヤーがあるときは、いったん分割して不要なほうのレイヤーを削除するというテクニックがよく使われます。

3 [mouth1]レイヤーも同じように分割します。

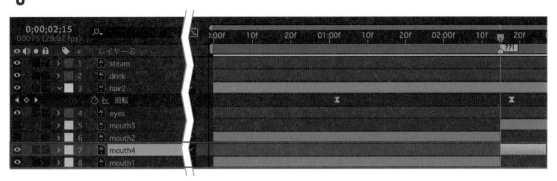

4 前半[mouth1]レイヤー、後半[mouth2]レイヤー
が表示されるように、それぞれ不要なレイヤーを削
除します。

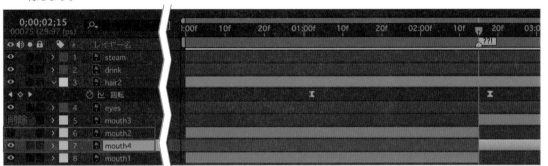

5 [mouth3]のレイヤーを選択し、 enter キーを押し
て❶レイヤー名を[mouth2]に変更します。
左端の❷をクリックして表示にします。

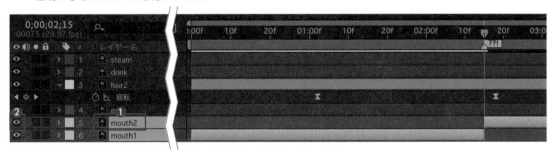

6 再生して確認しましょう。口の形が
切り替わるアニメーションになって
います。

 ▶

119

Chapter 6

11

目をまばたきさせる

目にまばたきのモーションをつけるにはいろいろな方法がありますが、
今回はマスクを使って手軽にできる方法を紹介します。

マスクを作成する

---

1 [eyes]レイヤーの中にマスクを作成します。
[eyes]レイヤーを選択します。ツールバーで❶
[長方形ツール]を選択し、❷目を覆う範囲をド
ラッグして長方形のマスクを作成します。

> レイヤーを選択しない状態でドラッグするとシェイプが作
> 成されてしまいますので、注意してください。

2 [レイヤー]メニュー→[マスクとシェイプのパス]→❸[トランスフォームボックス]を選択します。

❹四隅の□をドラッグして、マスクの角度を目に合わせます。角度が決まったら return キーを押して確定します。

[トランスフォームボックス]とはマスク編集モードのことで、マスクのサイズや角度などを調整するときはこのモードにする必要があります。ショートカットは ⌘ + T キーです。

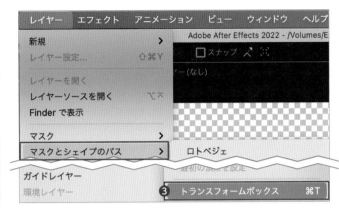

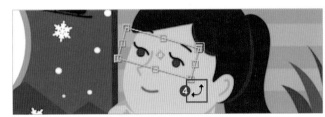

マスクを動かすアニメーションを作成する

1 [eyes]レイヤーを開いてみると、[マスク]プロパティが追加されています。この中の❶[マスクパス]にキーを打ち、マスクを動かすアニメーションを作成します。

2 ❷時間インジケーターを[0:00:00:00]に移動し、❸ストップウォッチをクリックします。

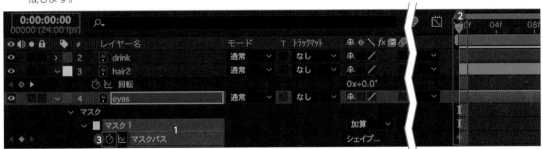

3 時間インジケーターを[0:00:00:05]に進めます。❹目が全て隠れるまでマスクを下へ移動します。

うまくいかないときは、再度[トランスフォームボックス]モードにして、マスクの形状等を調整してください。

4 時間インジケーターを[0:00:00:10]に進めます。❺
最初のキーを選択して ⌘ + C キーを押してコピー
し、❻の位置で ⌘ + V キーを押してペーストします。

5 ❼すべてのキーを選択して F9 キー(fn + F9
キー)を押してイーズをかけます。

6 作成した3つのキーを選択して、❽[0:00:03:00]
と❾[0:00:04:10]の位置にコピペします。

7 再生して確認しましょう。まばたきのアニメーション
が追加されています。

Chapter 6
12 雪を降らせる

窓の外の雪が動くモーションを設定します。この作例では丸い雪と結晶の雪の2種類が用意されていますので、それぞれに異なるモーションを設定していきます。

丸い雪が上から下に流れる
動きをつける

1 雪のモーションを作成します。[snow]レイヤーは3つに分けてあります。
[snow1]　丸い雪のグループ
[snow2]　雪の結晶のグループ
[snow3]　雪の結晶ひとつ
まず丸い雪([snow1]レイヤー)にモーションをつけます。

2 [snow1]レイヤーに「オフセット」エフェクトを適用します。[エフェクト&プリセット]パネルから、[ディストーション]→[オフセット]を選択し、[snow1]レイヤーにドラッグ、または[オフセット]をダブルクリックします。

3 [snow1]レイヤーをソロ表示にします。[エフェクトコントロール]パネルで❶[中央をシフト]をクリックすると、❷中央の位置が表示されます。この数値を変更すると、素材がピクセル分シフトし、ループできます。

レイヤー名の左にあるソロスイッチをクリックしてオンにすると、そのレイヤーだけをソロ表示できます。

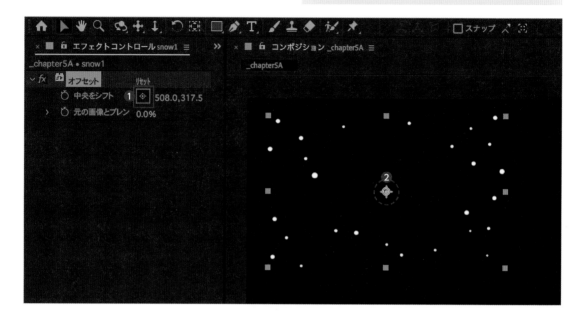

4 [0:00:00:00]先頭で❶[中央をシフト]のストップウォッチを押してキーを打ちます。[0:00:05:29]で[中央をシフト]❷Y値を変更します。

ここで、窓の高さのピクセル値をプラスして入力してみましょう。イラレで確認すると[633]pxでしたので、[+633]と入力します。

After Effectsでは演算入力が可能です。

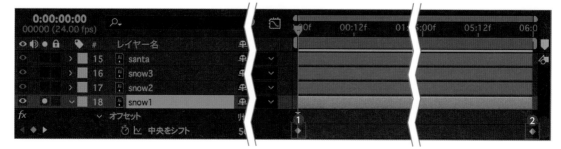

雪の結晶にモーションをつける

次に、雪の結晶です。こちらは、揺れや回転を
つけていきますので、ひとつの雪にモーション
をつけてから複製します。

1 [snow3]と[frame]レイヤーをソロ表
示にします。

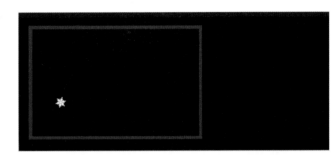

2 上から下へアニメーションをつけます。
[snow3]レイヤーを選択し、**P**キーを
押して[位置]を表示し、[0:00:00:00]
で窓枠の上まで移動してキーを打ちま
す。

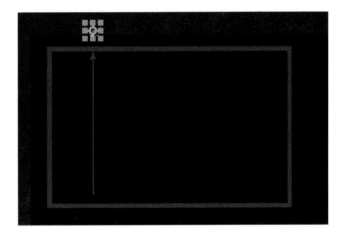

3 次に、[0:00:05:29]で窓枠の下まで移
動します。

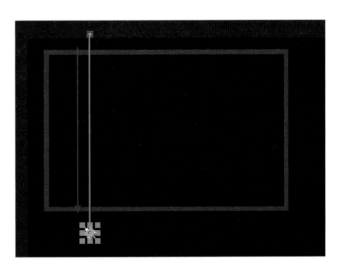

4 ❶[ペンツール]に持ち替え、曲線に変更します。始
点/終点に触れると❷[頂点を切り替えツール]に
自動的に切り替わるので、クリックしてハンドルを
調整します。

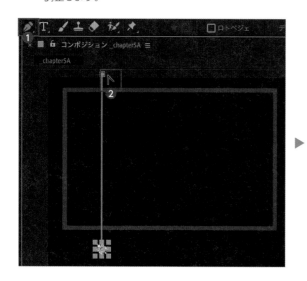 ▶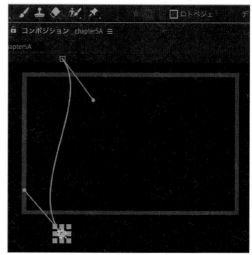

5 2つのキーを選択し、F9 キー（ fn ＋ F9 キー）を
押してイージーイーズをつけます。

6 さらに、エクスプレッションで回転をつけます。
R キーで回転を表示し、 option キーを押しながら
❸をクリックします。❹[time*20]と入力します。
これは、「1秒間に20°回転する」エクスプレッション
です。[360]と入れれば1秒間に1回転します。

7 再生してみましょう。雪の結晶が曲線を描きながら
回転しながら落ちていくアニメーションになってい
ます。

雪の結晶を複製する

1 [snow3]レイヤーを選択し、command + D キーを押して❶2つ複製します。S キーで「スケール」を表示し、パラメーターで❷[80]%と[60]%に設定します。Enter キーでレイヤー名を変更しておきましょう。わかりやすく❸[S/M/L]としました。

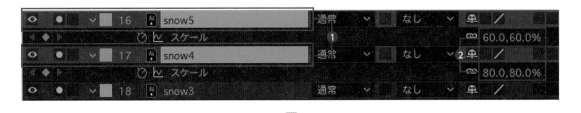

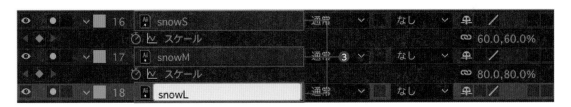

2 位置や時間をずらして配置していきます。
各レイヤーのモーションパスを変更して、雪の軌跡を変化させましょう。

[ここも CHECK!]

キーを配置済みの位置のずらし方

まず❶[位置]プロパティをクリックするとすべてのキーが選
択されて、❷モーションパスも表示されます。

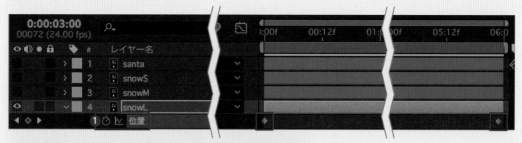

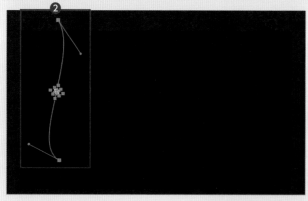

その状態で❸キーに時間インジケーターを合
わせ、❹ドラッグして移動します。

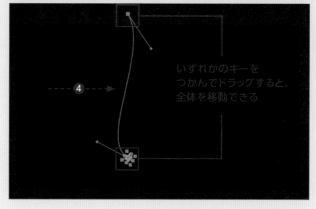

いずれかのキーを
つかんでドラッグすると、
全体を移動できる

【うまくいかない例】
右のようにレイヤーだけを選択し、時間インジ
ケーターがキー以外の場所にある状態だと
❶ドラッグしても選択したキーしか動かない
❷オブジェクトをドラッグすると位置が変更さ
れ新たなキーがついてしまう
ので、注意してください。

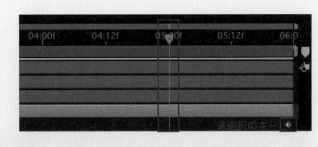

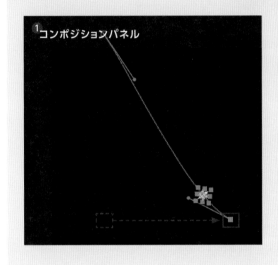

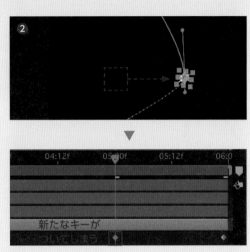

3 今回は雪の結晶は消えていく演出にしました。完成し
たら[snow2]レイヤーは削除します。

[ここも CHECK!]

エフェクトを使って雪を降らせる

CCSnowfallというまさに雪を降らせるためのエフェクトを使う方法もあります。
ただし少し動作が重くなるので、マシンスペックにより再生解像度を落とすなどして調整してください。

1 [エフェクト&プリセット]パネルで、
[シミュレーション]→[CCsnow
fall]を選択し、[background]
レイヤーに適用します。
適用すると、コンポジションパネルに
雪が降る状態がわずかに見えます。
ここからさらに設定していきます。

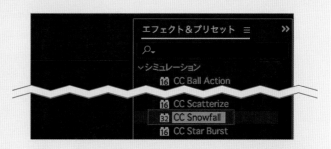

2 [エフェクトコントロール]パネルで以
下の項目を調整します。
Opacity（不透明度）：100
…雪を見やすくします。
**Background Illumination（背
景とのブレンド具合）：0**
…背景に雪を溶け込ませる割合が変
わります。
※今回はイラストに合わせて設定
しているため、[0]はかなり極端な
数値です。リアルな実写合成では
もっと数値を上げて背景となじませ
ます。それぞれのパラメータの意
味を知って、用途に応じて使い分け
てください。

これで、雪が見えてきたと思います。
しかし、まだ雪が針のようですね。さ
らに調整していきましょう。

3 さらに以下の項目を調整します。

Flakes(雪の量):1000

Size(粒の大きさ):15

Scene Depth(奥行):6600

Speed(雪の降る速度):45

これで、ずいぶん雰囲気が変化したと思います。再生してみましょう。

13

サンタを横切らせる

サンタが窓の外を横切るモーションをつけましょう。
最後に窓枠内だけに表示するようマスクを設定するので、まずは気にせずモーションを先につけましょう。

サンタが横切るモーションをつける

---

1 サンタが横切るモーションをつけます。
[santa]レイヤーを選択します。**P**キーで位置を表示し、❶[0:00:01:00]で窓枠の右下へ移動して、❷キーを打ちます。[0:00:05:00]に進め、❸窓枠の左上へ移動します。

> ソロレイヤーや表示ボタンを使って表示するレイヤーを絞ると作業しやすくなります。

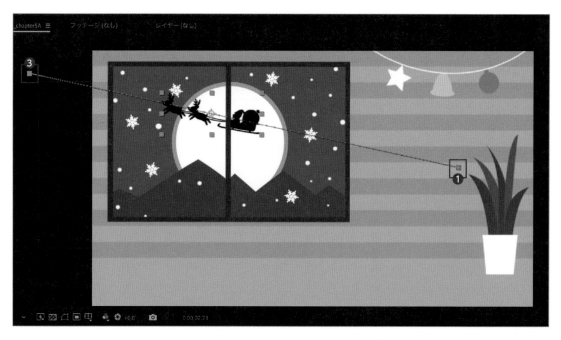

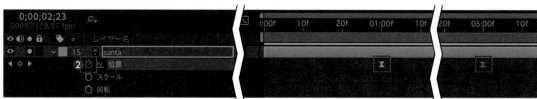

2 [ペンツール]に持ち替え、曲線に変更します。
F9 キー（ **fn** ＋ **F9** キー）を押してイージーイーズ
をつけて、再生してみましょう。

[ここも CHECK!]

女の子とサンタの動きのタイミングを合わせる

グラフエディターを開いて、[??!]マーカーのところで速度グ
ラフがピークになるように調節すると、全体のタイミングが
より生きてきます。

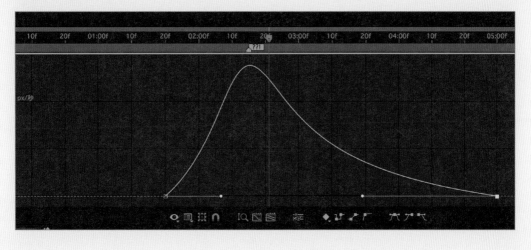

[　ここも CHECK!　]

サンタの角度をモーションパスに沿わせる

イラレの「パス上文字」と同じように、AEでもオブジェクトの角度をパスに沿わせることができます。
ここでは、サンタの角度をモーションパスに沿わせる方法を紹介します。

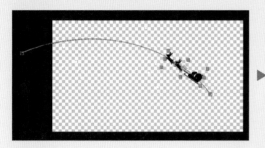 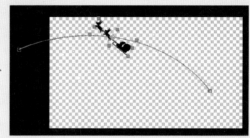

1 [レイヤー]メニュー→[トランス
フォーム]→[自動方向]を選択しま
す。

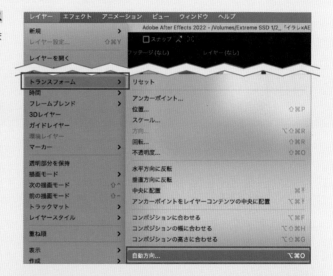

2 [パスに沿って方向を設定]にチェッ
クを入れて[OK]をクリックします。

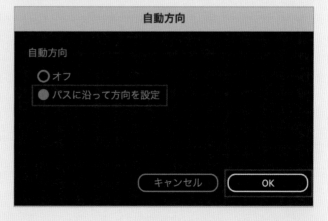

3 オブジェクトが反転するので、**S**キーを押して
[スケール]を表示し、[**-100**]と入力して反転し
直します。

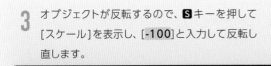

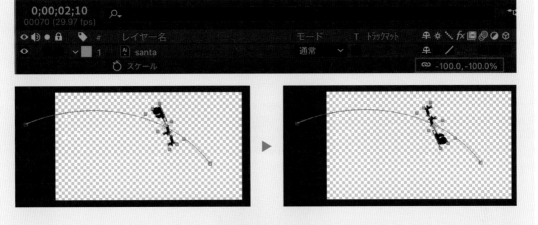

4 **R**キーを押して[回転]で角度を調
整します。

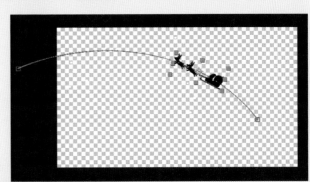

モーションパスに沿って自動で方向をキープしてくれます。

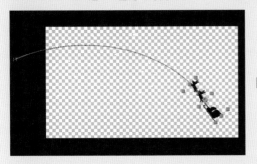 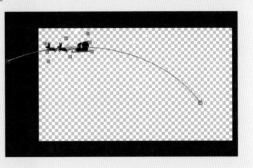

14

窓の形にマスクをかける

サンタと雪は窓の外に存在するものなので、
窓枠内のみが表示されるようにマスクをかけます。

レイヤーをプリコンポーズする

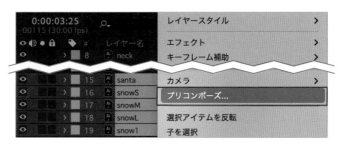

1 [santa][snow]レイヤーをすべて選択
し、右クリック→[プリコンポーズ]を選択
します。

[ここも **CHECK!**]

プリコンポーズとは?

コンポジションに含まれている複数のレイヤーをグループ
化することです。プリコンポーズしたレイヤーは、新しいコ
ンポジションに配置され、元のコンポジションのレイヤーと

置き換わります。After Effectsに慣れてくると、とてもよ
く使う機能なので、グループ化のほうもやってみましょう。

2 [プリコンポーズ]画面が表示されます。
わかりやすいコンポジション名をつけて
[OK]します。ここでは窓の外に存在す
るものをまとめたので「Out of the
window」としています。

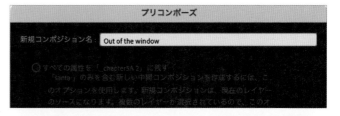

3 選択したレイヤーがひとつにまとまり、
コンポジションになりました。

複数のレイヤーをプリコンポーズすると、スッ
キリまとまるだけでなく、複数のコンポジショ
ンに使い回したり、レンダリング(演算処理)の
順番を変えて効率化する、などの利点もあり
ます。使いながら徐々に便利さを実感する機
能です。

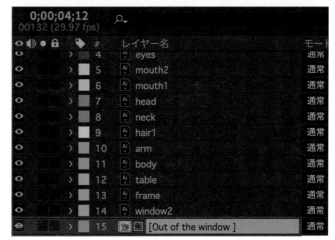

マスクを作成する

1 サンタと雪にマスクをかけて窓枠内だけに表示されるようにします。
レイヤーを選択していない状態で❶長方形ツールを選択し、❷[塗り/ 単色　線 / なし]の設定にします。色は設定後消えるので、わかりやすいイエローにしました。

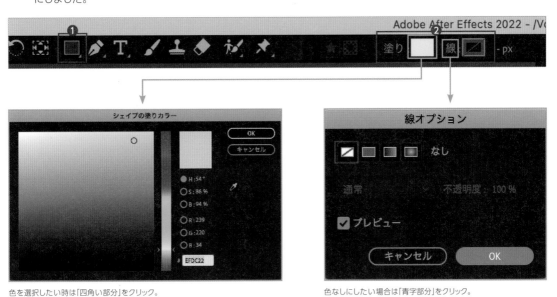

色を選択したい時は「四角い部分」をクリック。
ダイアログから色を選択。

色なしにしたい場合は「青字部分」をクリック。
ダイアログからアイコンを選択。

2 すべてのレイヤー選択を解除した状態で、窓枠内の雪を表示したい範囲に長方形を描きます。

3 プリコンポーズしたコンポジション[Out of the window]の上に❶長方形レイヤーを配置します。

シェイプレイヤーを作成するとレイヤーの一番上に配置されますので、レイヤーをドラッグ、または ⌘ + option + ↓ キーを押して、[Out of the window]レイヤーの直上に移動してください。

4 [Out of the window]の[トラックマット]をクリックして❷[アルファマット"シェイプレイヤー1"]を選択します。

[ここも CHECK!]

「トラックマット」列が見つからない場合

タイムラインパネル左下のボタン、左から2番目をクリックして青色にします。

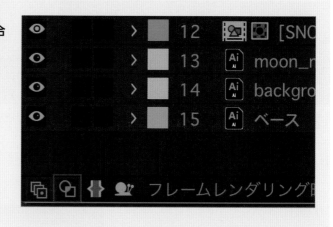

5 マスクが適用され、窓枠内のみに[Out of the window]のコンポジションが表示されます。

15

コーヒーから湯気を立ちのぼらせる

コーヒーから立ちのぼる湯気のイラスト。「波形ワープ」というエフェクトでアニメーション
にします。「波形ワープ」はシンプルながら、さまざまな表現に応用できるエフェクトです。
基本機能をチェックしてから作業に進みましょう。

「波形ワープ」とは

作業を進める前に、AEの[波型ワープ]について解説します。Photoshopの[波形フィルター]と似ている機能ですが、ここでは逆三角形のシェイプを例に解説します。

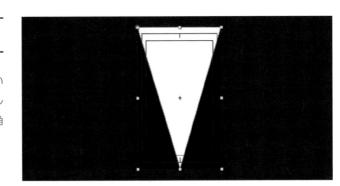

1 ❶[方向]を[90]°から[0]°に変更します。
下から上へ波打つアニメーションになります。
❷[波形の高さ]、❸[波形の幅]の数値を調整すると、数値に比例して波の形状が変化します。

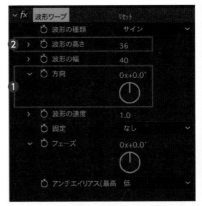

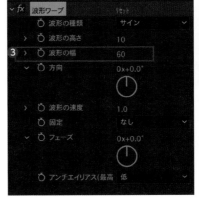

2 このエフェクトは、キーフレームをつけ
なくてもアニメーションが設定されま
す。
[波形の速度]の数値に比例して波打つ
アニメーションの速度が変化します。
[波形の速度] は[1] ＝1秒でル ー プ、
[0.5] ＝2秒でループしますので、作品
に合わせて調整します。

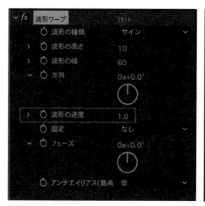

3 ❹[固定]でイメージのエッジを固定することがで
きます。コンポジション枠を基準にするので、今回
はわかりやすくするためにイメージにフィットした
サイズのコンポジションにしました。

デフォルトは [なし]のため、このまま再生すると下
部の発生ポイントがゆらゆら左右に揺れています
が、❺[下エッジ]に変更すると下エッジの発生ポ
イントが固定されます。

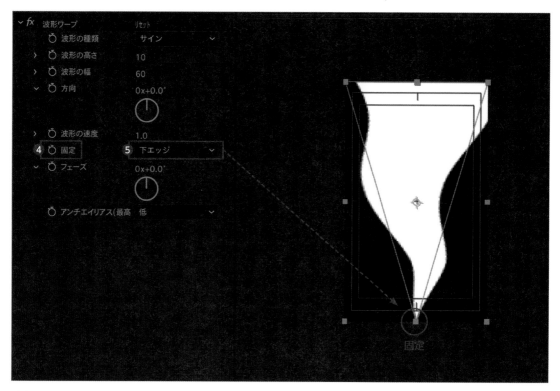

以上をふまえて、
コーヒーの湯気をアニメーションにしましょう!

「波形ワープ」を適用する

1 [steam]レイヤーに[ディストーショ
ン]→[波形ワープ]を適用します。

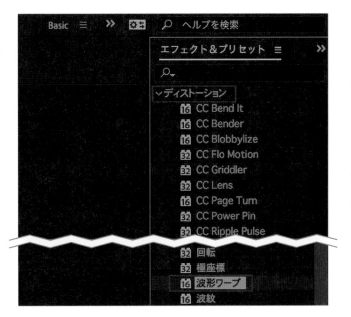

2 ❶[方向]を[0]°に変更します。
ここでは❷[波形の高さ]10、❸[波形の
幅] 40に設定しましたが、お好みで調整
してください。
❹[波形の速度]は[0.5]にしました。2
秒でループする速度なので、6秒のコン
ポジションできれいにループします。
❺[固定]は[下エッジ]で固定してみま
した。こちらもお好みで調整してくださ
い。
これでエフェクトの設定はOKです。

湯気の上半分をぼかす

1 湯気が消えていくところをマスクを使っ
て表現します。
[steam]レイヤーを選択した状態で❶
湯気を囲むようにマスクを描きます。

2 [マスク]→[マスクの境界のぼかし]の数値を上げ
ていきます。ここでは❷[200]pxにしました。

3 マスクの境界のぼかし具合を見ながら、
マスクの位置を❸下にずらします。

4 これで湯気のパートは完成です。再生し
てみましょう。

Chapter 6

16

GIFファイルに書き出す

完成したコンポジションをGIFファイルとして書き出します。

GIFファイルの特徴

もちろんmp4書き出しでもいいのですが、GIFファイルはループするアニメーションを作成できます。
色数が少なく(256色まで)低解像度で、短時間のコンテンツに向いているフォーマットのため、WEBやSNSとの

相性が良く、WEBやSNSで日常的に見かけているファイルタイプです。
ほかにもSlackのEmojiアイコンにアップロードできたり、いろいろなメディアで楽しめるメリットがあります。

どんなブラウザでも
表示できる

スマートフォンやSNSとの
相性良し

自動再生、
ループアニメーションが
できる

短尺のアニメーションが
得意

容量を
軽くできる

256色で表現
(減らすことも可能)

音声は
入れられない

After EffectsからGIFアニメーションの書き出しは直接できないため、いくつかの方法から行うことになります。どれも長所短所があります。

【方法A】Adobe Media Encoderを使用する
　　　　▶P.144へ
【方法B】Photoshopを使用する
　　　　▶P.145へ

【方法A】
Adobe Media Encoderで出力する

[ここも CHECK!]

メリットとデメリット

メリット	MP4書き出しと同じく、After Effects→ Adobe Media Encoderの流れで簡単に書き出せる。
デメリット	細かい設定に対応していないので、自由度が低く、せっかくのGIF容量をコンパクトにするのが難しい。

1 [コンポジション]メニュー→[Adobe Media Encoder キューに追加...]を選択します。

2 Adobe Media Encoderで、❶[形式]/[プリセット]ともに[アニメーションGIF]を選択し、❷[キューを開始]をクリックして書き出します。

プリセットから設定画面に飛んでも、設定の選択肢は少なく、色数の調整などはできません。

【方法B】
After Effectsでファイルを書き出し、
PhotoshopでGIFに変換出力する

[ここも CHECK!]

メリットとデメリット

メリット	Adobe Media Encoderよりは設定を調整できる。
デメリット	After EffectsとPhotoshop2つのソフトをまたぎ、2回書き出す必要がある。

AEでQuickTime形式に書き出す

1 [コンポジション]メニュー→[レンダーキューに追加] を選択します。

コンポジション	レイヤー	エフェクト	アニメーション
新規コンポジション...			⌘N
コンポジション設定...			⌘K
ポスター時間を設定			
コンポジションをワークエリアにトリム			⇧⌘X
コンポジションを目標範囲にクロップ			
Adobe Media Encoder キューに追加...			⌥⌘M
レンダーキューに追加			^⌘M

2 ❶[ロスレス圧縮]をクリックします。

3 [形式]で❶[QuickTime]を選択します。❷[形式オプション]をクリックします。[ビデオコーデック]で❸[Apple ProRes 422]を選択し、❹[レンダリング]で出力します。

mp4からも同じ手順でGIF変換できます。

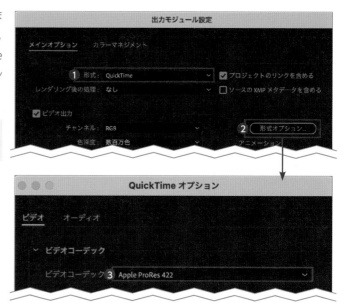

Photoshopで読み込み、GIF形式に書き出す

1 Photoshopを起動します。
⌘+**O**キーでファイル読み込み画面を開き、出力したQuickTimeデータを読み込みます。

2 [ウィンドウ]メニュー→[タイムライン]をクリックします。

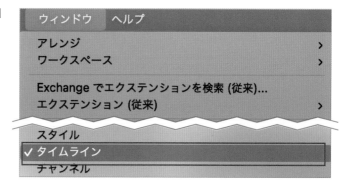

3 [タイムライン]パネルが表示され、スペースキーを
押すと動画が再生されます。

4 [ファイル]メニュー →[書き出し]→
[Web用に保存 (従来)] を選択します。

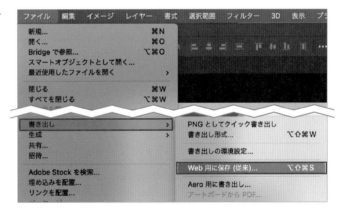

5 設定を確認していきましょう。

❶ファイル形式：GIF
❷カラー：256
❸画像サイズ：640x300（変換が可能です）
❹ループオプション：無限

カラーの数、画像サイズなどは、必要に応じて
調整します。
❺[保存]をクリックして、ファイル名を指定す
れば完成です。

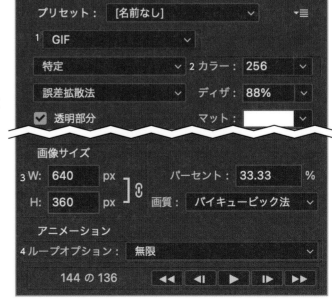

[ここも CHECK!]

有料スクリプトを使い
After Effectsからダイレクトに出力する

メリット	細かい設定が可能。（背景透過も設定できる。After Effects上でワンクリックで完成。）
デメリット	有料。自己責任でインストールする。

もし、仕事でGIFをよく使う場合なら、便利さは段違いなので、スクリプトの購入をおすすめします。7日間使用できるデモ版もあるので、試してからの購入が可能です。
手軽に使えて、環境を選ばず再生しやすいGIF。
ぜひ使ってみてください。

代表的なスクリプトの一例
GifGun
https://aescripts.com/gifgun/?aff=33

日本語のサイトから購入する場合はこちら
フラッシュバックジャパン
https://flashbackj.com/product/gifgun

Chapter

7

◇◇◇◇◇

完成データのパッケージ

完成データに複数データが使われている場合、素材とプロジェクトファイルをまとめてパッケージしてくれる機能を使えば、手動で行うよりも正確で効率的にファイルを収集できます。

The First Book Of After Effects For Illustrator User.

完成データをパッケージする

イラレやInDesignと同じように、AEで作成したムービーが完成したらパッケージしておきます。パッケージすることで、必要なデータだけを1フォルダにまとめ、リンク切れの心配もなくなります。

1 [ファイル]メニュー→[依存関係]→[ファイルを収集]をクリックします。

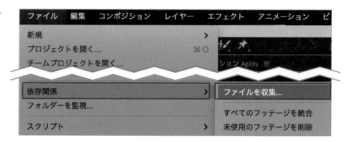

2 [ファイルを収集]画面が表示されます。[ソースファイルを収集]で適切なオプションを選択します。

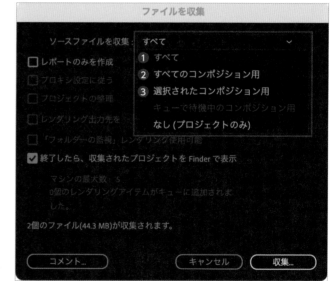

❶すべて
未使用のフッテージとプロキシを含むすべてのフッテージファイルを集めます。

❷すべてのコンポジション用
プロジェクト内のコンポジションで使用されるすべてのフッテージファイルとプロキシを集めます。

❸選択されたコンポジション用
プロジェクトパネルで現在選択されているコンポジションで使用されているすべてのフッテージファイルとプロキシを集めます。

3 ここでは❹「プロジェクトの整理」に
チェックを入れました。
収集したファイルから未使用のフッテー
ジアイテムとコンポジションがすべて削
除されます。
[収集]をクリックします。

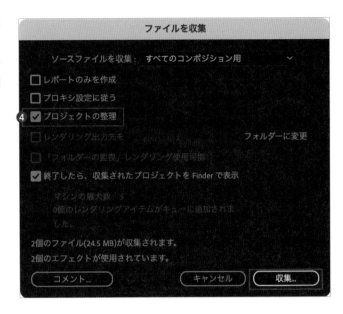

4 [フォルダーにファイルを収集] 画面が
表示されます。フォルダーに名前を付け
て、収集後のフォルダの保存場所を指定
します。[保存]をクリックすると収集が
始まります。

5 収集後のフォルダの中身を確認します。
aepファイル、収集内容のテキストファ
イル、(フッテージ)フォルダーがあり、そ
の中に素材が収集されています。

[こんなときどうする? **04**]

Q. GIFに書き出したらファイルサイズが
大きすぎて使いにくい…

A. Photoshopの
「劣化」オプションを使ってみよう

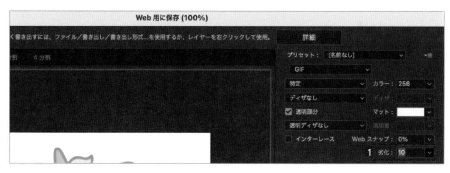

劣化なし　6MB

劣化10　4MB

GIFを書き出すとき、ファイルサイズの制限に合わせるためにいろいろ試すこともあるかもしれません。Photoshopの場合、❶「劣化」オプションが役立つことも。
データを選択的に破棄することでファイルサイズを小さくします。画質を低下させずに劣化を行うには、この値を5〜10に設定します。ユニコーンの作例は、背景が無地でサイズを落としやすいですが、劣化を[10]にしたところ、画質の変化はほとんどなく、約30%サイズダウンしました。
作品ごとの色使いや動きにより異なりますが、いざというときは試してもいいかもしれません。

Chapter

8

◇◇◇◇◇◇

動く広告3連発&合体

この章では3種類の「動く広告」を作成します。さらに、作成した3つの作品をひとつにつなぎ、トランジションで切り替えて表示させます。ちょっと長いですが、ぜひ最後までお付き合いください。

「動く広告」とは

街中や電車の中で見かけるデジタルサイネージや、スマホで見る動画CMのように、イラレのデザインにモーションをつけて動く広告を作りましょう。文字や写真を少し動かすだけでも、静止画とは違った印象になります。

デザインA（P.157〜）

デザインB（P.183〜）

デザインC（P.193〜）

この章では3種類のグラフィックデザインにそれぞれモーションを付けていきます。最後に3つのムービーをトランジションでつないで、1本の作品に仕上げます。

ぱっ!

Sample Movie ▶ ｜ Download Data ▶ Chapter 8

02 デザインAの素材データを確認する

まずは元となるイラレデータの構造を確認します。
デザインAのサンプルデータ「08-01.ai」をIllustratorで開いてみましょう。

元のイラレデータの構造を確認する

1 ダウンロードデータのフォルダから
「chapter8」→「Material」→「08-01.
ai」を選択し、Illustratorで開きます。
データが動画仕様になっていることを確
認します。

サイズ：1080×1920px
裁ち落とし：0px
カラーモード：RGB

2 個別に動かす単位で8つのレイヤーに
分かれています。
メインタイトルとなる「SALE!」とサブタ
イトル「summer」、左上のギザギザ円
と日付テキストも別レイヤーにしてあり
ます。

グラフィックデザインを動かす場合は、文字の
一部をAE側で打ち直すこともあります。AE
で打ち直す予定の文字は、イラレデータで
フォント・サイズ・色を確認しておきましょう。
なお、この作例では「summer」の文字をAE
で打ち直す予定です。

03

コンポジションを設定する

AEでイラレデータを読み込み、コンポジションを設定していきます。
この作品は縦長のコンポジションになります。

**イラレデータを読み込み
コンポジションを保存する**

1 After Effectsを起動します。ホーム画
面左上の❶[新規プロジェクト]をクリッ
クします。

2 ワークスペースが表示されたら、プロ
ジェクトパネル内の空いている部分を
ダブルクリックします。
読み込みのダイアログが表示されたら
サンプルデータ[08-01.ai]を選択しま
す。[読み込みの種類]で❷[コンポジ
ション - レイヤーサイズを維持]を選択
し、[開く]をクリックします。

3 [プロジェクト]パネルに❸[コンポジショ
ン]としてデータが読み込まれます。

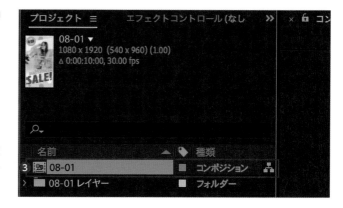

4 ⌘+Ｓキーを押して保存します。
ダイアログが開いたら、ファイル名に
「chap8」と入力し、保存場所を指定して
[保存]をクリックします。

コンポジション設定を確認する

1 ⌘+Kキーを押して、[コンポジション設定]のダイアログを開きます。❶[幅][高さ]1080×1920px、❷[フレームレート]29.97、❸[デュレーション]6秒に設定します。さらに、コンポジション名を❹[SALE]にして、[OK]をクリックします。

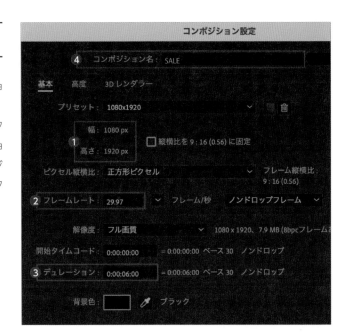

2 プロジェクトパネルの❺[SALE]コンポジションをダブルクリックします。

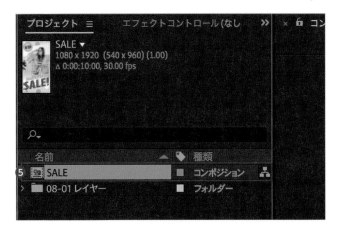

3 [タイムライン]パネル内に、元のレイヤーと同じ順で❻レイヤーが表示されます。

1文字ずつバウンドするモーションをつける

メインタイトル「SALE!」に文字単位のモーションをつけてみましょう。

文字単位のシェイプを作成する

---

1 [SALE!]レイヤーを右クリックし、❶[作成]→❷[ベクトルレイヤーからシェイプを作成]を選択します。

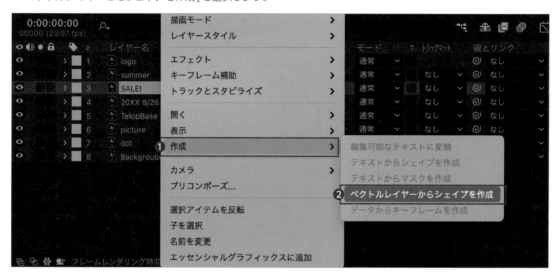

2 ❸[SALE!アウトライン]レイヤーが作成されました。
同時に元の[SALE!]レイヤーは非表示になります。

3 [SALE!アウトライン]レイヤーの**④**をクリックし、**⑤**をクリックして[コンテンツ]を展開します。
グループ1から5が、それぞれのテキストのシェイプになります。

4 **⑥**をオンオフして確認してみましょう。グループ5が「S」で、下から順に対応しています。

5 作業しやすいように各グループの名前を変更します。グループを選択し、**Enter**キーを押して各文字を入力します。

「S」にバウンドしながら大きくなる
アニメーションをつける

1 「S」にアニメーションをつけましょう。
選択すると個別に調整できるので、**Y**
キーを押し[アンカーポイントツール]に
切り替えます。アンカーポイントを下中
央へドラッグします。

2 **①**をクリックし、さらに**②**をクリックして
[トランスフォーム：S]を展開します。

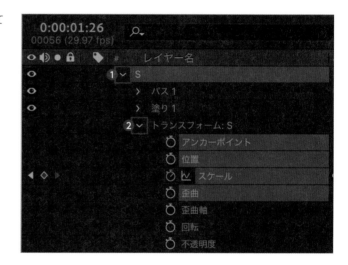

3 [時間インジケーター]が[0:00:00:00]の位置に
ある状態で、[スケール]の**③**ストップウォッチをク
リックし、**④**[0]%に変更してキーを打ちます。

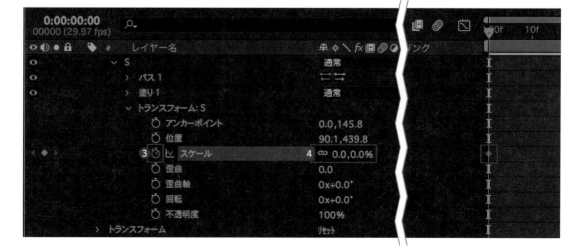

4 同じように[スケール]にあと3つキーを打ち、バウンドしながら大きくなるアニメーションをつけます。

まず**⑤**[時間インジケーター]を[0:00:00:06]に移動し、**⑥**[110]°%に変更します。

5 次に[時間インジケーター]を**⑦**[0:00:00:12]に移動し、**⑧**[98]°%に変更します。

6 最後に[時間インジケーター]を**⑨**[0:00:00:20]に移動し、**⑩**[100]°%に変更します。

7 すべてのキーを選択し、**F9**キー(**fn**+**F9**キー)を押してイージーイーズをかけます。
これで「S」のアニメーションは完成です。

Chapter **8**

動く広告３連発＆合体

アニメーションを他の文字に複製する

1 P.162の手順を参考にして「ALE!」のアンカーポイントを下中央に下げておきます。❶[S]レイヤーの[スケール]のすべてのキーを選択し、⌘＋Ｃ キーを押してコピーします。

2 ❷[時間インジケーター]を先頭に移動します。❸残り4つのシェイプを選択し、⌘＋Ｖ キーを押してペーストします。

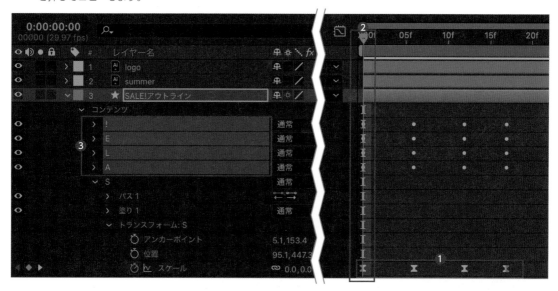

3 Ｕ キーを押して、キーフレームのあるプロパティをすべて表示します。

4 ❹[A]レイヤーのキーフレームを選択します。
`option`＋➡️キーを2回押して、2フレーム後ろにずら
します。

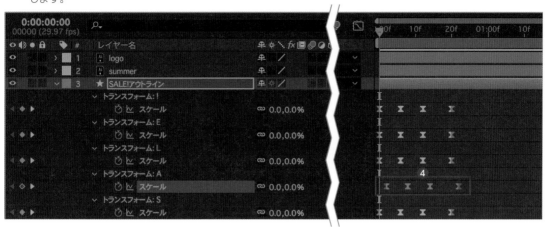

5 残りの[L]～[!]レイヤーも同様に、各2フレームず
つずれた状態にします。

6 これで「SALE!」全体が完成しました。
`space`キーを押して再生してみましょう。

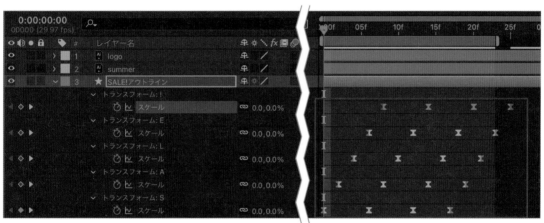

7 さらに❺[SALE!アウトライン]レイヤーを選択し、
`option`＋`fn`＋⬇️（Winは`Option`＋`page down`）キーを8回
押して、レイヤーごと8フレームうしろへずらしてお
きます。最後に全体のバランスを考えて微調整し
ます。

> シェイプを作成後、非表示になったレイヤーは削除してか
> まいません。今回は「SALE!」部分のアニメーション完成後
> に、元の[SALE]レイヤーを削除しました。

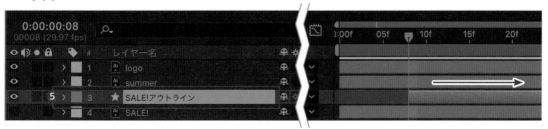

Chapter 8

05

テキストアニメーターで文字に動きをつける

サブタイトル「summer」にアニメーションをつけていきます。
この部分はAEでテキストを打ち直し、テキストレイヤーに適用できる「アニメーター」とい
う機能を使ってモーションをつけます。

AEでテキストを入力して配置する

1 [ツール]パネルから❶[横書き文字ツー
ル]を選択します。
[コンポジション]パネル上でクリックし
❷が表示されたら、[summer]と入力
します。

2 [タイムライン]パネルに[summer2]レ
イヤーが追加されます。
❸をクリックして、ソロ表示にします。

3 [文字]パネルでカラーやサイズ、フォン
トを設定します。
❹フォントをAdobe Fontsの[Samantha
Italic Bold][Regular]、❺文字サイズ
[360]px、❻カラー(イラレデータより
スポイトで取得)[#45D4C5]を選択し
ます。

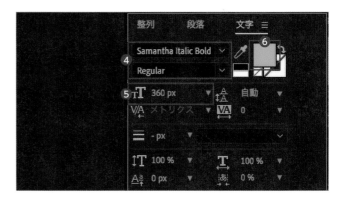

4 [整列]パネルで❼[水平方向に整列]を
クリックし、テキストを[コンポジション]パ
ネルの水平中央に配置します。

5 ❽をクリックしてソロ表示を解除します。
R キーを押し、そのあと **Shift** + **P** キーを押して、
[回転]と[位置]のプロパティを表示します。
元からあった[summer]レイヤーの文字と重なる
ように、[回転]と[位置]の数値を調整します。

6 AEで文字を打ち直したら、元の[summer]レイ
ヤーは削除しておきます。

テキストアニメーターで
文字が下から上にあがる動きをつける

1 再び❶をクリックしてソロ表示にします。[summer 2]レイヤーの❷を2回クリックして、プロパティを表示します。[テキスト]プロパティの❸[アニメーター▶]をクリックします。クリックすると、テキストをアニメーション化できるプロパティが一覧で表示されます。[位置]をクリックします。

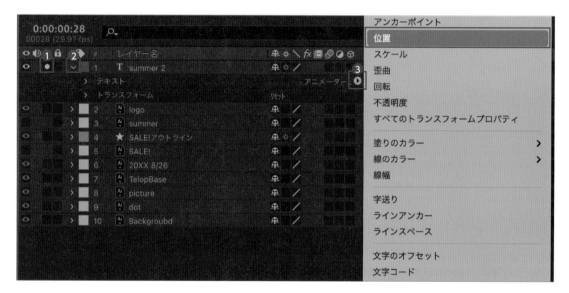

2 [アニメーター1]が追加されました。文字が下から上へ上がってくる動きをつけたいので、[範囲セレクター1]の[位置]のY軸を❹[120]に調整します。文字位置が下がりました。

3 ［範囲セレクター1］の❺をクリックして展開します。
❻［時間インジケーター］が［0:00:00:00］の位置
にある状態で、［オフセット］の❼ストップウォッチを
クリックし、❽［-100］%と入力します。

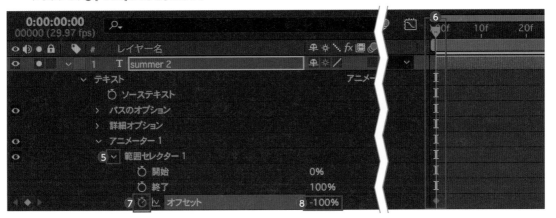

4 次に❾［時間インジケーター］を［0:00:01:00］に
移動し、❿［100］%と入力します。

5 space キーを押して再生して確認してみましょう。
設定したY［120］まで下がってから元位置へ戻るア
ニメーションがついています。

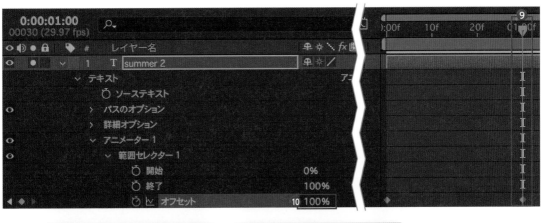

 ▶

▶  ▶

一文字ずつなめらかに上がるように調整する

1 ［範囲セレクター1］の［高度］の❶をクリックして展開します。❷［シェイプ］で［上へ傾斜］を選択します。

2 space キーを押して再生して確認してみましょう。シェイプを変更することで、1文字ずつ上がってくるアニメーションになりました。

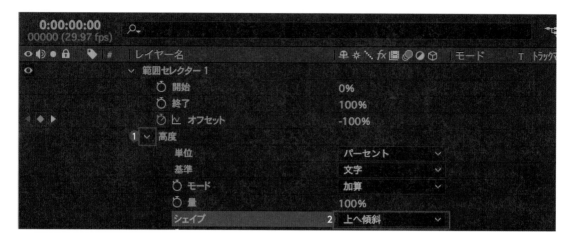

3 さらに緩急をつけるためにイーズをかけますが、アニメーターでは［イーズ（低く）］［イーズ（高く）］を使います。

❸［イーズ（高く）］
動きの始まりがスムーズに速くなる
今回は［20］

❹［イーズ（低く）］
動きの終わりがスムーズに遅くなる
今回は［80］

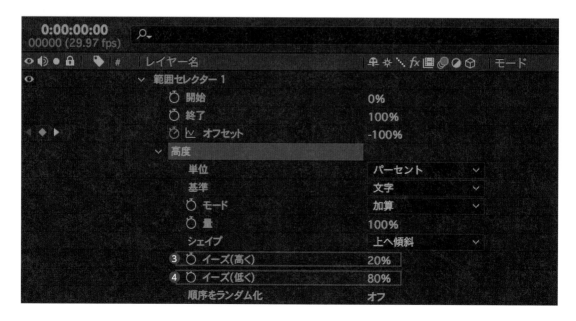

4 [アニメーター1]の❺[追加▶]をクリックして、[プロパティ]→[回転]、[不透明度]を選択します。

[アニメーター]ではひとつのアニメーターに複数のプロパティを追加できます。

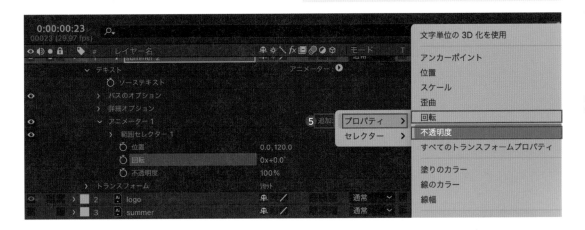

最初の[アニメーター▶]からも追加できますが、[アニメーター1]を選択状態で追加しないと、[アニメーター2]が作成されます。

5 ❻[回転]を[+12]°、❼[不透明度]を[0]%に設定します。

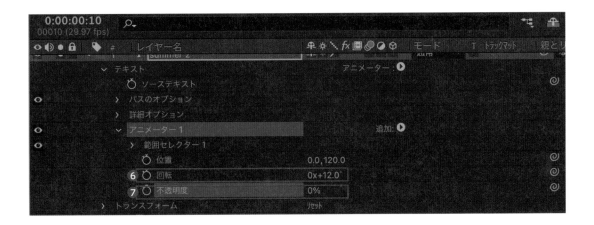

6 space キーを押して再生して確認してみましょう。

それぞれのプロパティ効果が追加されています。

これで完成です。

ソロ表示は解除しておきます。

[00:10f]   [00:15f]   [00:30f]

[ここも CHECK!]

長方形ツールでマスク作成

レイヤー選択状態で長方形ツールを使いマスクを作成できます。
アニメーションの表示範囲を限定したいときに便利です。

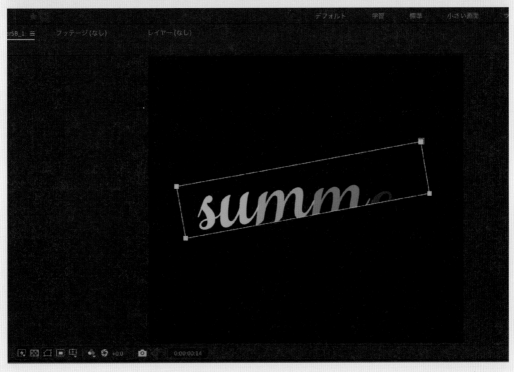

[ここも CHECK!]

テキストアニメーターで作成したタイトルを
プリセットにして保存する

作成したタイトルは、プリセットにして保存することができます。

1 テキストプロパティを開きます。今回変更した
❶[アニメーター1]を選択します。

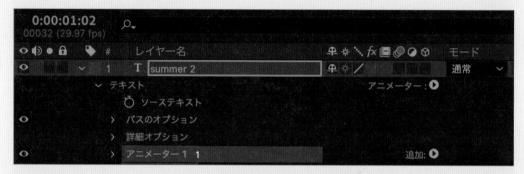

2 [アニメーション]メニュー→「アニ
メーションプリセットを保存…]を選
択します。

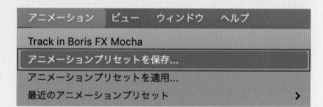

3 名前をつけて保存します。今回は「FadeUp」に
しました。 [ffx]という拡張子でプリセットとし
て保存されます。

4　ユーザーが作成したアニメーションプリセット保
存場所は初期設定で、
(Mac OS)
Documents/Adobe/After Effects CC
フォルダー
(Windows)
My Documents¥Adobe¥After Effects
CCフォルダー
に保存されます。
環境により同じ場所が表示されない場合は、任
意の場所に保存してから移動してください。

5　[エフェクト＆プリセット]パネルで、
[アニメーションプリセット]にUser
Presetsに入れたプリセットが表示
されました。

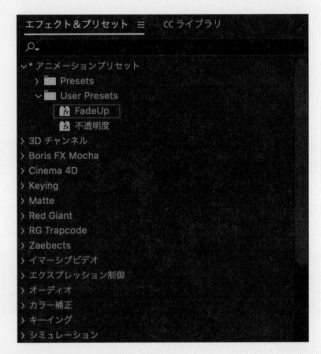

6　他のプリセット同様、テキストレイ
ヤーに適用して使えます。

06

バウンスと回転のモーションをつける

日付部分 (日付テキストとギザギザ円) が飛び出してくるモーション (バウンス) をつけます。
さらに、ギザギザ円がくるくると回転するモーションをつけます。

レイヤーの親子付けをする

モーションをつける前に、[TelopBase]レイヤーを
[20XX 8/26]レイヤーに親子リンクしておきます。
[TelopBase]レイヤーの❶を、[20XX 8/26]レイヤー
上にドラッグします。

❷プルダウンから選択してもリン
クできます。

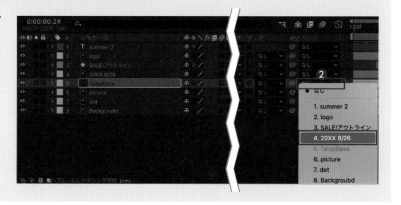

バウンスのモーションを設定する

1 [20XX 8/26]レイヤーにバウンスするモーションをつけます。6フレームおきにキーを設定します。0からスタートし、[100]%より少し大きめ、少し小さめを繰り返し、振り幅を減らして100%になるようにすると、バウンスするモーションになります。

2 [20XX 8/26]レイヤーを選択し、**S**キーを押して[スケール]を開きます。**❶**[時間インジケーター]が[0:00:00:00]の状態で**❷**ストップウォッチをクリックし、キーを打ち[0]%に設定します。

3 次に[時間インジケーター]を**❸**[0:00:00:06]に移動し、**❹**[110]%に設定します。

4 同じ要領で、あと3つのキーを設定します。[0:00:00:12]で[95]%、[0:00:00:18]で[102]%、[0:00:00:24]で[100]%と設定します。

5 全てのキーを選択し、**F9**（**fn**＋**F9**）キーを押してイージーイーズをかけます。

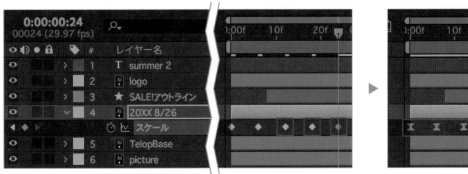

[95%] [102%] [100%]

6 さらに、2つめの[110]%のキーの速度を変更します。キーフレームを選択した状態で、⌘ + Shift + K キーを押して[キーフレーム速度]を表示します。入る速度・出る速度の影響をともに[80]%に変更します。

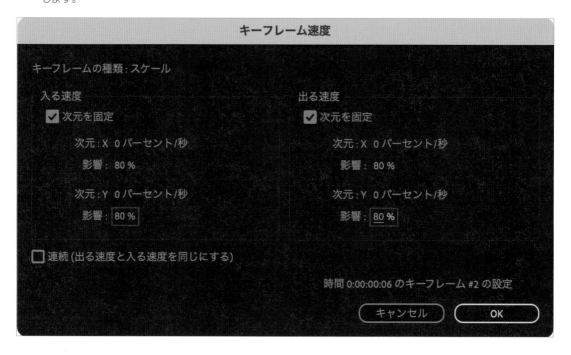

これで登場時のスピードが加速して、勢いよくドーンと飛び出してくるようになります。

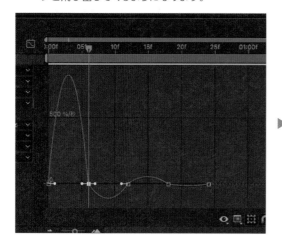 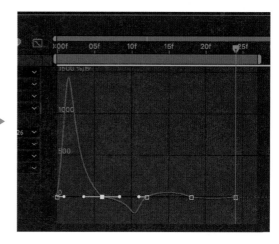

[00:00f] 100%

[00:06f] 110%

[00:12f] 95%

ギザギザ円を回転させる

1 [TelopBase]レイヤーを選択し**R**キーを押して、[回転]プロパティを表示します。❶[時間インジケーター]を[0:00:00:00]の位置に移動し、❷ストップウォッチをクリックしてキーを打ちます。

2 次に**fn**+**→**キーを押して[時間インジケーター]を最終フレームの❸[0:00:05:29]の位置に移動し、❹[180]°に設定します。

3 これでバウンスと回転の設定ができました。再生してみましょう。

Chapter 8
07

背景のドット柄を下から上に動かす

背景のドット柄にオフセットのエフェクトを適用して、ドットが下から上に動くようにします。

[オフセット]エフェクトを適用する

1 [エフェクト&プリセット]パネルの❶検索枠に「オフセット」と入力します。下の欄に[オフセット]が表示されるので選択し、[dot]レイヤーまでドラッグします。

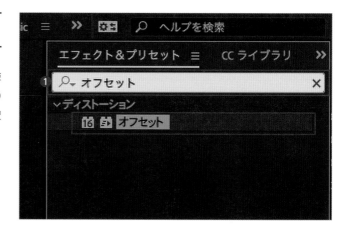

2 [タイムライン]パネルを選択し、[時間インジケーター]を❷[0:00:00:00]の位置に移動します。

3 [エフェクトコントロール]パネルの❸[中央をシフト]をクリックしてキーを打ちます。

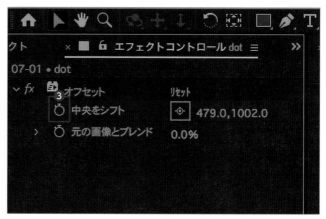

4 次に、[fn]＋[→]キーを押して[時間インジケーター]
を④[0:00:05:29]に移動し、[dot]レイヤーの[中
央をシフト]のY値を⑤[600]にします。

移動したい分のピクセル値を入力しますが、方向と量をド
ラッグして確認するといいでしょう。

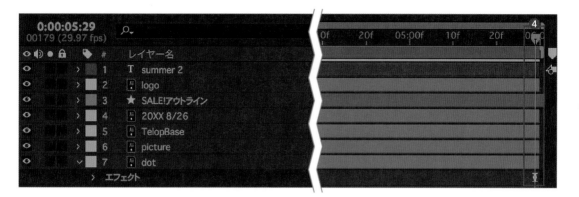

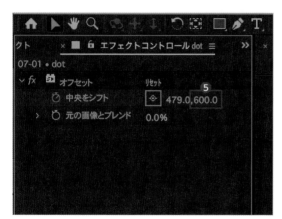

5 全体のタイミングをみて、タイトルのスタート位置
を自由に設定します。
作例では[summer 2]レイヤーと[20XX 8/26]
レイヤーを[0:00:00:20]からスタートするように
移動しました。

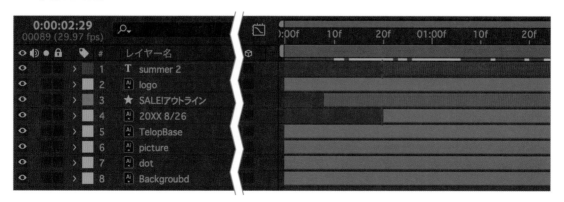

Chapter 8

08 写真をゆっくりズームさせる

メインで使用している写真にゆっくりとしたズームを設定します。
ほんのちょっとした動きですが、これがあるとないでは印象がずいぶん変わってきます。

写真のスケールを変更する

---

1 [picture]レイヤーを選択し、**S**キーを押して[スケール]を表示します。

2 [時間インジケーター]が[0:00:00:00]の位置で**❶**ストップウォッチをクリックし、キーを打ちます。

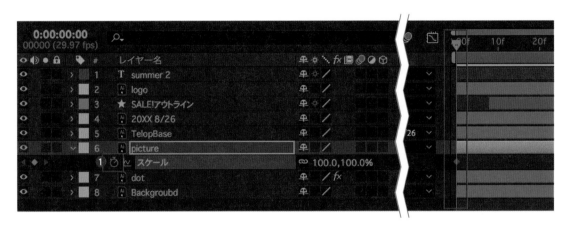

3 **fn**+**→**キーを押して**❷**[時間インジケーター]を[0:00:05:29]に移動し、**❸**[110]%に設定します。

4 これですべての工程が完成です。再生して確認してみましょう。

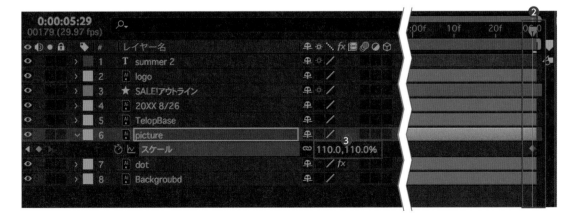

Chapter 8

09

デザインBの素材データを確認する

まずは元となるイラレデータの構造を確認します。
サンプルデータ「08-02.ai」をIllustratorで開いてみましょう。

元のイラレデータの構造を確認する

1 ダウンロードデータのフォルダから
「chapter8」→「Material」→「08-02.
ai」を選択し、Illustratorで開きます。
データが動画仕様になっていることを確
認します。

サイズ：1080×1920px
裁ち落とし：0px
カラーモード：RGB

2 個別に動かす単位で7つのレイヤーに分
かれています。
メインタイトル、写真のほかに、ゆっくり
回転させたいオブジェクト「icon01」
「icon02」をそれぞれ分けています。

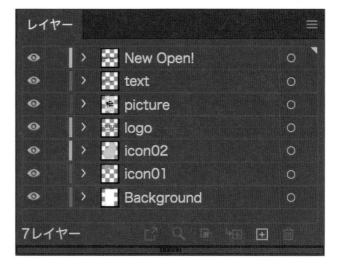

10 コンポジションを設定する

コンポジション設定はデザインAと同じにして、保存します。

イラレデータを読み込み
コンポジションを設定、保存する

---

1 「08-02.ai」を、AEで読み込みます。
コンポジション設定はデザインAと同じ
内容にし、コンポジション名は**❶**「New
Open!」としました。

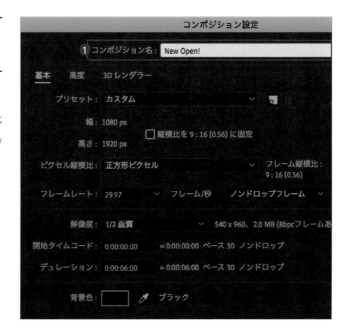

2 [プロジェクト]パネルのコンポジション
をダブルクリックして、[タイムライン]
パネルにレイヤーを表示します。

3 ⌘ + S キーを押して保存します。ダイ
アログが開いたらプロジェクト名を
「New Open!」にして保存します。

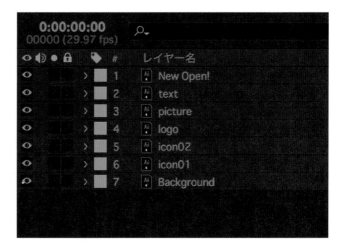

Chapter 8

11

写真をフェードインで表示させる

斜めの角度で写真が徐々に表示されるフェードインを作ります。
ぼかしも入れて柔らかい雰囲気を演出します。

エフェクトを適用する

1 「picture」レイヤーに「リニアワイプ」エ
フェクトを適用します。
[エフェクト＆プリセット]パネル→[トラ
ンジション]→[リニアワイプ]を選択し、
[picture]レイヤーにドラッグします。

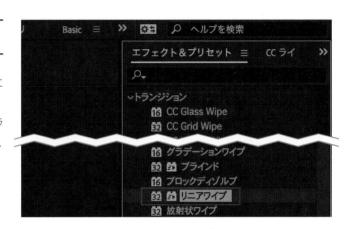

2 [エフェクトコントロール]パネルに表示
されました。
[変換終了]値をドラッグすると、[picture]
レイヤーがワイプするのがわかります。
[ワイプ角度]でワイプの角度を、[境界
のぼかし]でぼかしを入れられます。
ベーシックでアレンジしやすい定番トラ
ンジションです。

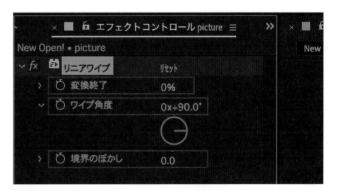

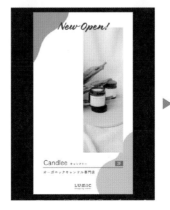

3 [変換終了]のキーを打ちます。
[時間インジケーター]が[0:00:00:00]の状態で
❶ストップウォッチをクリックし、❷[100]%に変更
します。

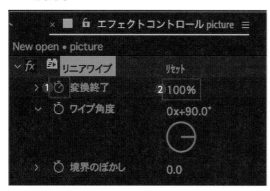

4 [時間インジケーター]を[0:00:02:00]に移動し、
❸[0]%に設定します。

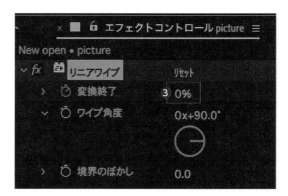

5 2つのキーを選択し、F9（fn + F9）
キーを押してイージーイーズをかけま
す。

6 [0:00:01:00]付近、切り替わりの中盤あたりでプ
レビューしながら他の設定をします。
❹[ワイプ角度]を[130]˚、❺[境界のぼかし]を
[120]に設定します。

7 お好みで調整してください。
これで写真のフェードインは完成です。

12 タイトルをフェードインさせる

次はタイトル「New Open!」が左からフェードして入ってくるモーションをつけます。
アニメーションプリセットを使ってモーションをつけてみます。

テキストアニメーターを適用する

1 テキストアニメーター機能を使うので、AE側でテキストを入力します。
Adobe Fontsより❶[Brushland Regular]、❷文字サイズ「116px」、❸カラー（イラレデータよりスポイトで取得 ）[#464854]に設定し、「New Open!」の文字を打ちます。

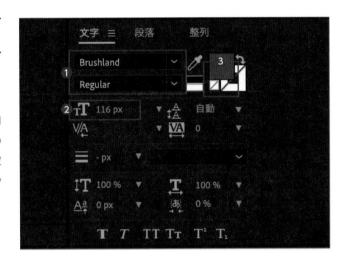

2 P.167の手順を参考にして、元の文字に重なるように配置します。文字を打ち直したら、元の[New Open!]レイヤーは非表示にしておきます。

3 時間インジケーターを先頭に移動します。

[エフェクト&プリセット]パネルから、[アニメーションプリセット]→[Text]の中に、テキストモーションのプリセットが用意されています。

この中から、[Animate In]→[スローフェードオン]を選択し、「New Open!」テキストレイヤーにドラッグして適用します。

テキストレイヤーを選択してプリセットをダブルクリックでも適用できます。

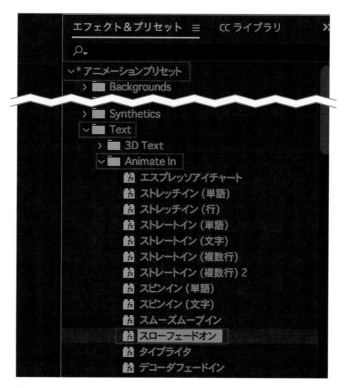

[ここも CHECK!]

Bridgeでモーションの動きを確認する

Animate Inにはテキストが出現するモーションが集まっています。Adobe Bridgeを使えば、プリセットをサンプルムービーで確認して選ぶことができます。

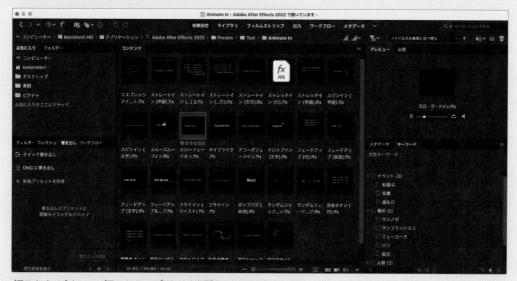

[アニメーション]メニュー→[アニメーションプリセットを参照]をクリックすると、
Bridgeが起動し、上の画面が開きます(Bridgeはインストールが必要です)。

4 再生すると、左から右へフェードしながら出現する
モーションがついているのがわかります。**U**キーを
押してキーフレームを表示します。ちょうど2秒の
キーがつきましたので、今回はこのまま使います。

ここではキーのタイミングをデフォルトのまま使用していますが、変更することも可能です。

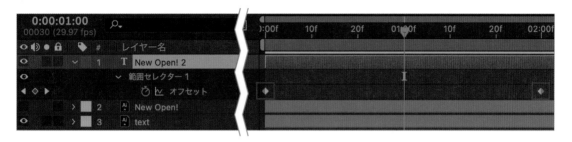

［ ここも CHECK! ］

アニメーター機能を確認する

アニメーター機能を使うと[アニメーター]のプロパティが
追加されます。[アニメーター1]を開くと、不透明度が追加
され、オフセットにキーフレームが打たれています。

アニメーターでは、ほかにもさまざまなアレンジができますので、慣れてきたらいろいろと試してみると良いでしょう。

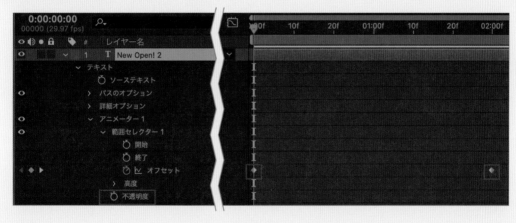

5 写真のフェードインが終わりかけるあたりでテキス
トが始まってほしいので、[時間インジケーター]を
❹[0:00:01:00]に移動し、**[**キー を押してレイ
ヤーを移動します。

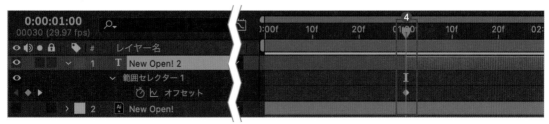

6 再生してみましょう。写真のフェードインが終わる
あたりで、タイトルが現れてきます。

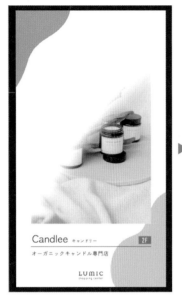  

[01:00f] [01:25f] [03:00f]

13

ゆっくり回転しながらズームさせる

仕上げに、左上と右下のオブジェクトがゆっくり回転しながらスケールしていくモーションをつけていきます。

「時間の流れ」を感じさせるポイント

時間軸を持つムービーは、つねにどこかに動きがあり、「時間の流れ」を無意識に感じさせる演出が大切な場合が多いです（訳あってストップしている場合は別）。

今回の場合、写真→タイトルと出現したあと、ゆっくり回転するオブジェクトをあしらうことで、ムービーがゆったりしたスピード感のまま、ストップせずに流れ続ける演出ができます。

[回転]と[スケール]を設定する

1 「icon01」レイヤーを選択し、**R**キーを押して[回転]プロパティを表示します。まずは❶数値をドラッグして、どのくらい回転させるかチェックします。

> [回転]の数値上でマウスボタンを押したまま左右にドラッグすると、数値を変更できます。

2 今回は❷[0:00:00:00]の位置で角度を[-10]°、❸
[0:00:05:29]の位置で[+30]にしてキーを打ちま
した。

3 スケールのモーションも入れてみます。shift + S
キーを押して[スケール]プロパティを表示します。
❹[0:00:00:00]で[100]%、❺[0:00:05:29]で
[120]%に設定します。

4 「icon02」レイヤーも、同じように回転とスケール
のモーションを追加します。自由に数値を変更して
仕上げましょう。これで完成です。

Chapter 8

14

デザインCの素材データを確認する

まずは元となるイラレデータの構造を確認します。
サンプルデータ「08-03.ai」をIllustratorで開いてみましょう。

元のイラレデータの構造を確認する

1 ダウンロードデータのフォルダから
「chapter8」→「Material」→「08-03.
ai」を選択し、Illustratorで開きます。
データが動画仕様になっていることを確
認します。

サイズ：1080×1920px
裁ち落とし：0px
カラーモード：RGB

2 個別に動かす単位で11のレイヤーに分
かれています。
「30%OFF」はモーションをつけるので、
白いサークルと黄色のベースは別レイ
ヤーにしてあります。
「movie image」今回は動画を使うた
め、仮でイメージ写真を入れてありま
す。

3 デザインA、Bと同様にコンポジショ
ン設定をし、コンポジション名「Trip
Campaign」で保存しておきます。

15 1文字ずつ飛び出すモーションをつける

メインタイトルの「Trip Campaign」が1文字ずつ飛び出すモーションを設定します。
最初に1文字だけ設定し、他の文字にはキーをコピペしていきます。

文字単位のシェイプを作成する

メインタイトル「Trip」「Campaign」文字単位でモーションをつけます。
P.160〜161の手順を参考にして、シェイプを作成し、それぞれのグループ名を変更します。

アンカーポイントの位置を変更する

1 文字が飛び出してくる位置を考えて、まず「Trip」のアンカーポイント位置を変更します。
■で❶タイトル/アクションセーフを、⌘+Rで❷定規を表示します。

タイトル/アクションセーフは必要に応じ■で表示/非表示を使い分けます。

2 定規からドラッグしてガイドを作成します。[Y680]［Y900］［X540］の位置に3本のガイドを作成します。

正確な位置にガイドを設定するために、まずはガイドをざっくり移動し、右クリックして❸[位置を編集]を選択します。

3 [値を編集]画面でガイド位置に[680]と入力して[OK]します。

4 同様にして[Y900][X540]のガイドも設定します。

[ウィンドウ]メニュー→[情報パネル]を表示すると、ガイド位置を確認できます。

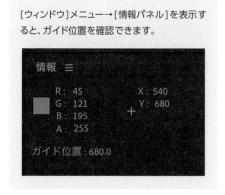

195

[ここも CHECK!]

2つのアンカーポイント

レイヤー選択時はレイヤー全体に対するアンカーポイントが表示されます。❶○に左右上下のラインがついたアンカーポイントマークです。

「Trip」の「T」を選択すると、❷小さい○のアンカーポイントマークが表示されます。これが「T」独自のアンカーポイントです。

レイヤーを開くと、いつものレイヤートランスフォームと、「トランスフォーム：T」があります。
それぞれ別のトランスフォームのアンカーポイントというわけです。

5 **Y**キーで[アンカーポイントツール]に持
ち替えます。「T」のアンカーポイントを
ガイドの[Y680]交差点に移動します。

同様の手順で「Trip」の各文字のアン
カーポイントを[Y680]交差点に移動し
ます。
さらに「Campaign」の各文字のアン
カーポイントを[Y900]交差点に移動し
ます。

> [ガイドへスナップ]をオンにすると作業しや
> すくなります。
> ショートカットは shift + ⌘ + **;** キーです。

テキストにアニメーションをつける

1 「T」にアニメーションをつけます。
❶を開き、[トランスフォーム:T]を開き
ます。

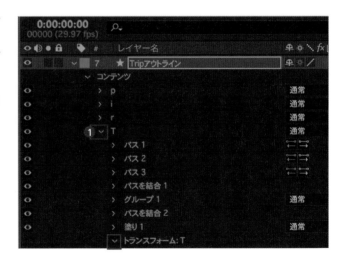

2 [スケール]プロパティにキーを打ちます。[時間イ
ンジケーター]を**❷**[0:00:00:00]の位置にし、**❸**ス
トップウォッチをクリックし、**❹**[0]%に変更します。

3 あと2つキーを打ち、スケールするアニメーション
をつけます。
❺[0:00:00:13]で[110]°％、❻[0:00:00:18]で
[100]°％に設定します。

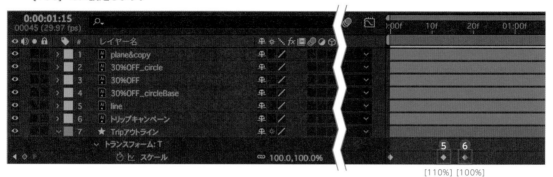

[110%] [100%]

4 3つのキーを選択し、**F9**（**fn** + **F9**）
キーを押してイージーイーズをかけま
す。

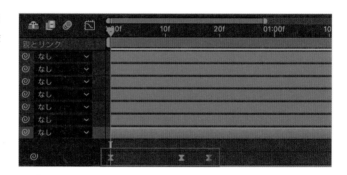

5 再生するとアンカーポイントの位置からスケールし
て上がってきますが、最初からはっきり見えるのは
違和感があります。
さらに、[不透明度]にもキーを打ちましょう。

6 **T**キーを押して[不透明度]プロパティを開きます。
[0:00:00:00]で❼ストップウォッチをクリックし、❽
[0]％に変更します。　次に❾[0:00:00:08]で
[100]％に設定します。
キーはイージーイーズをかけず、リニアのままにし
ておきます。

他のテキストにアニメーションを複製する

1 キーフレームを他の文字にコピペし、2フレームず
つうしろへずらしていきます。

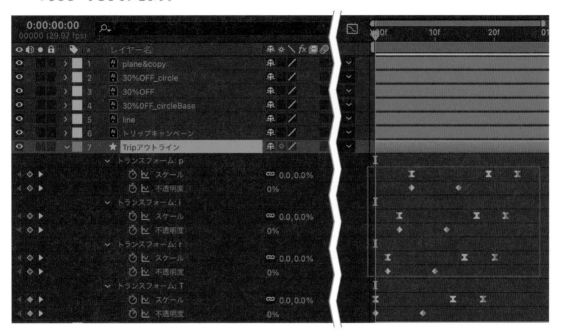

2 [Campaign]レイヤーも、同じようにキーフレーム
をつけていきます。
すでにつけた[スケール][不透明度]プロパティを
Shift キーを押しながら選択し、「Campaign」全
選択でペーストします。

3 **U**キーでキーフレームのあるプロパティをすべて
表示し、2フレームずつずらしていきます。

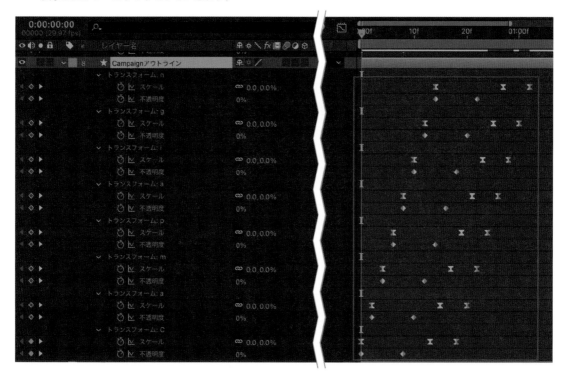

4 最後にタイミングを調整します。
[Campaign]レイヤーを10フレームうしろへずら
しました。

5 [トリップキャンペーン]レイヤーと[20XX.5.28-
7.2]レイヤーは、[不透明度]にキーを打ち、15フ
レームでフェードインさせます。
これでメインタイトルのテキストパートは完成で
す。

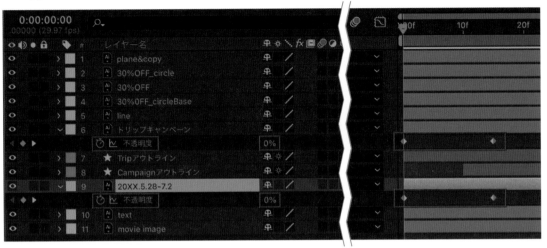

[ここも CHECK!]

イラレデータを別レイヤーでAEに転送してくれるスクリプト

Overlordは、イラレのパスをワンクリックで
After Effectsのコンポジションに別々のレイ
ヤーに分割してシェイプとして転送するスクリ
プトです。
レイヤー分けしなくても、全部分けてくれるん
です。あとからオブジェクトごとに転送もOK。
ちょっとした追加や修正も気軽にイラレとAE
を行き来できます。
通常のAIインポートにはない機能として、イラ
レのテキストをテキストレイヤーとして転送し
たり、スウォッチをガイドレイヤーとして転送し
たりできるのも便利です。

Overload
https://www.battleaxe.co/overlord
フラッシュバックジャパン
https://flashbackj.com/product/overlord
(日本語で購入したい場合)

16

パスアニメーションを作成する

タイトル周りにあしらわれている放射状のラインにモーションをつけます。
この部分は元のイラレでアウトライン化されているため、AEでシェイプに変換してからア
ニメーションを作成します。

ラインが消えるモーションを作成する

1 [line]レイヤーで右クリックし、[作成]→[ベクトル
レイヤーからシェイプを作成]をクリックします。

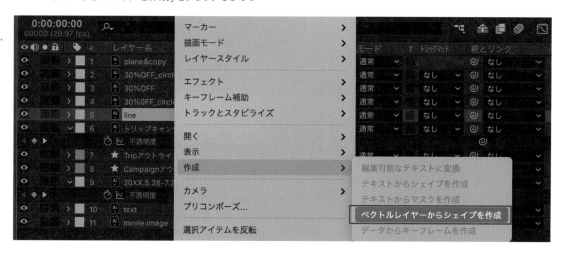

2 「lineアウトライン」レイヤーの[コンテ
ンツ]の❶をクリックすると、それぞれの
ラインがグループ10までのシェイプに
なりました。

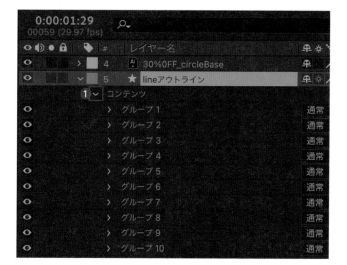

3 ❷をクリックしてソロレイヤーに変更し、[グループ10]にアニメーションをつけます。
[グループ10]を選択し、❸[追加]→[パスのトリミング]をクリックします。

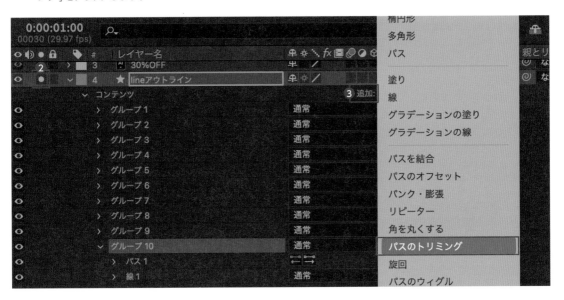

4 [パスのトリミング1]が追加されました。
まず❹[開始点]でアニメーションをつけていきます。[0:00:00:20]で開始点[0]%のまま❺キーを打ちます。

5 次に先頭フレーム[0:00:00:00]で❻[100]%に変更します。

6 再生してみましょう。
[開始点]が100%→0%に変化する
アニメーションがつきました。

この時点では[終了点]が100%のため、
このようなアニメーションになります。[終
了点]が0%になっていると、逆の動きに
なります。

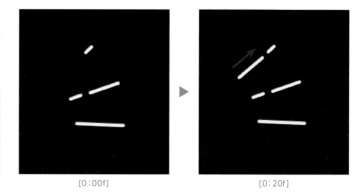

[0 : 00f]　　　　　　　　　[0 : 20f]

7 次に[終了点]でアニメーションをつけていきます。
今度は❼[0:00:00:00]で[100]%のままキーを打
ちます。

8 次に❽[0:00:00:20]で[0]%に変更します。

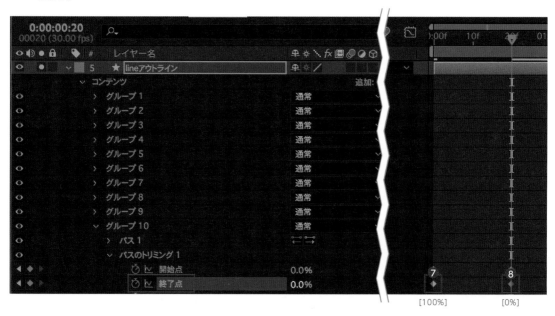

9 [終了点]が100%→0%に変化する
アニメーションを設定したはずです
が、再生するとなにも表示されませ
ん。これは、[開始点]と[終了点]の
タイミングがぴったり重なっている
ためです。

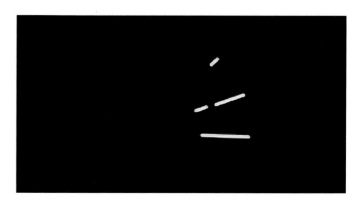

10 [開始点]のキーを7フレームうしろへずらします。

再生すると、先端が出現しながら後端から消えてい

くアニメーションができました。

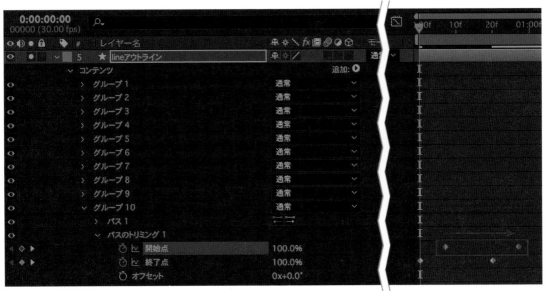

11 すべてのキーを選択し、**F9**（**fn** + **F9**）キーを押

してイージーイーズをかけます。

さらに緩急を強くしてもいいのですが、今回はリ

ゾートのゆったりした雰囲気に合わせてこのまま使

いました。 お好みで調整してください。

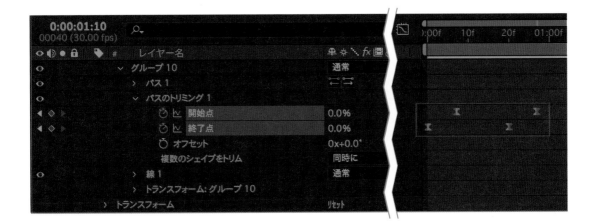

アニメーションを他のグループに複製する

1 設定したキーを他のすべてのグループにコピペします。

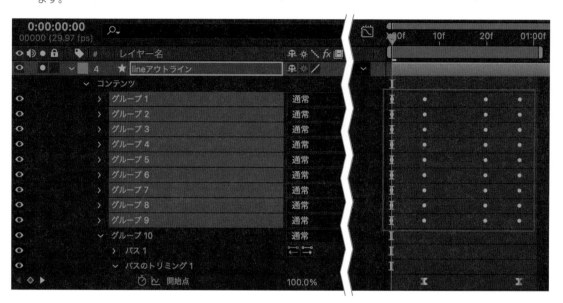

2 **U**キーでキーのあるプロパティを表示し、2フレームずつうしろへずらしていきます。

これでラインのアニメーションは完成です。

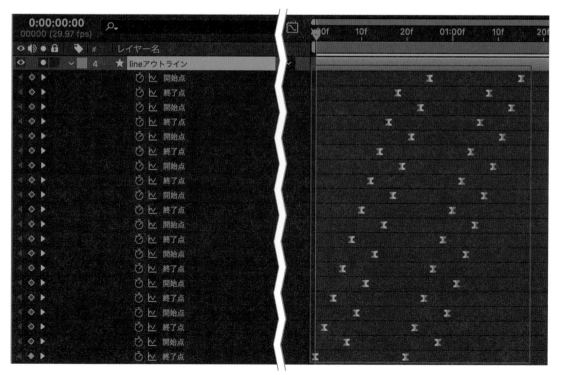

ラインのレイヤーを複製して
消えるモーションを繰り返す

1 すべてのモーションが終わる[0:00:01:20]でレイヤーを `option` + `]` キーでトリムします。

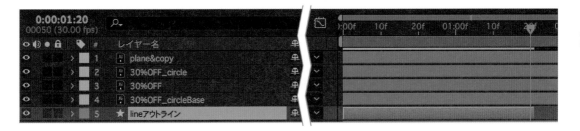

2 [lineアウトライン]レイヤーを選択し、2つ複製します。

3 レイヤーを階段状にずらしていくことで、モーションをリピートします。手動でもいいのですが、「シーケンスレイヤー」機能を使うと効率的です。

4 ❶ずらすレイヤーを下から順に `⌘` キーを押しながらクリックして選択します。右クリック→[キーフレーム補助]→[シーケンスレイヤー]を選択します。

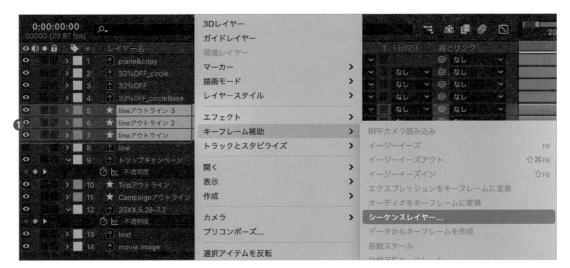

5 ［シーケンスレイヤー］画面で
❷［デュレーション］を［0:00:00:00］、❸
［トランジション］を［オフ］にして［OK］を
クリックします。

ここで設定する［デュレーション］とは、レイ
ヤーが重なる時間のことです。

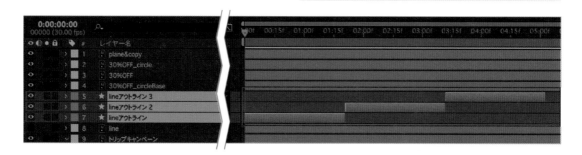

6 レイヤーが階段状に再配置されました。

今回は3レイヤーですが、レイヤー数が多いときはこの方
法が効率的です。また、レイヤーを上から順に選択すると、
上下逆に配置されます。

7 ［Lineアウトライン3］レイヤーを選択し、❹［時間イ
ンジケーター ］を fn + → キーを押してコンポジ
ションの最後に移動して、 option +] キーで伸ばし
ます。

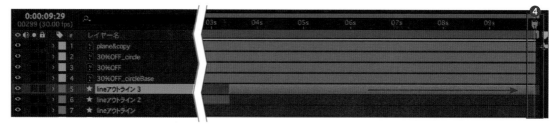

8 [lineアウトライン3]レイヤーの頭に❹[時間インジケーター]を移動します。

9 ❶キーを押して、[lineアウトライン3]レイヤーの全てのキーフレームを表示します。[終了点]の❺ストップウォッチを全てクリックして、キーフレームを削除します。

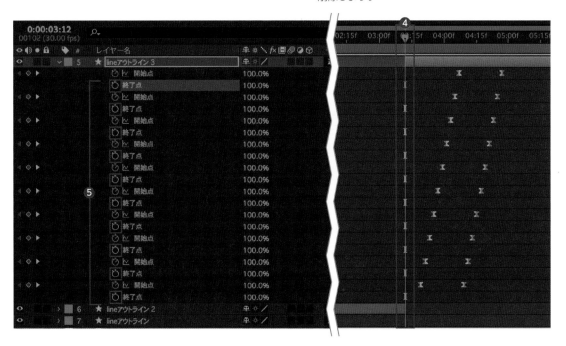

10 [終了点]が100%、[開始点]が0%の状態=ラインが100%表示の状態でアニメーションが終わります。

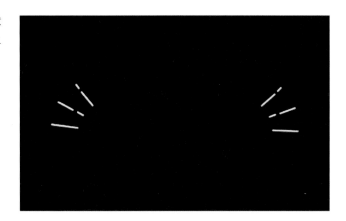

[ここも **CHECK!**]

シェイプエレメンツとは

この作例のように、シェイプにモーションをつけたものを「シェイプエレメンツ」または「シェイプエフェクト」と呼びます。この作例では、元のイラレデータにレイアウトされてい

たオブジェクトを、AE側でシェイプに変換してモーションをつけましたが、AE上で描いたシェイプにも同じ手順でモーションをつけることができます。

Chapter 8

17

サークルにモーションをつける

「30%OFF」を囲んでいる白い円が徐々に大きくなるモーションをつけます。
こちらもイラレでレイアウト済みのオブジェクトをAEでシェイプに変換して、シェイプエレメントにします。

線幅が変化するモーションを作成する

---

1 「30%OFF_circle」レイヤーで右クリック→[作成]→[ベクトルレイヤーからシェイプを作成]をクリックします。

2 [30%OFF_circleアウトライン]レイヤーが作成されました。
[時間インジケーター]を**❶**[0:00:01:00]に移動します。

3 [コンテンツ]→[グループ1]→[線1]を開き、[線幅]が**❷**[5.7]の状態で**❸**ストップウォッチをクリックし、キーフレームを追加します。

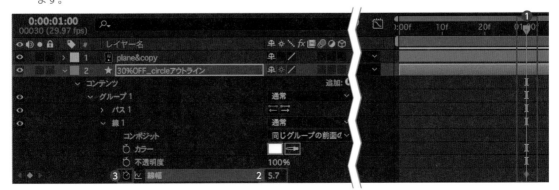

4 [時間インジケーター]を先頭の④[0:00:00:00]
に戻し、[線幅]を④[50]に変更します。
1秒で線幅[50]px→[5.7]pxに変化するモーショ
ンがつきました。

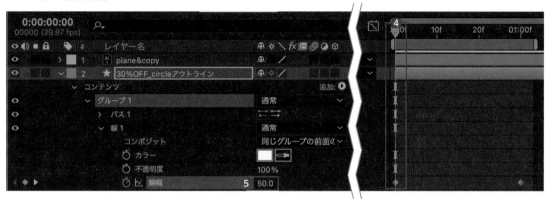

5 [スケール]プロパティにキーフレームを追加しま
す。Uキーを押してから Shift +Sキーでプロパ
ティを表示します。⑥[0:00:01:00]で[100]%の
まま、⑦[0:00:00:00]で[0]%に変更してキーを設
定します。
そのまま再生すると、サークルが広がりながら線幅
が変化します。

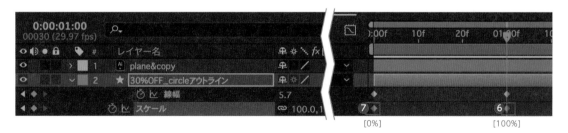

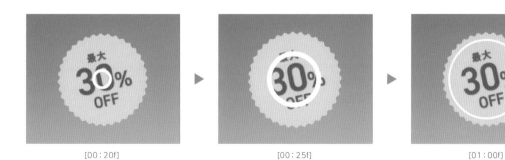

[00:20f]　　　　　[00:25f]　　　　　[01:00f]

6 [線幅]プロパティを選択し、⌘ + Shift + K キーを押して「キーフレーム速度」画面を表示し、「入る速度」「出る速度」ともに「影響」を[100]%にします。

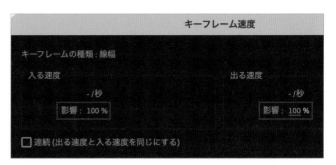

7 同じように[スケール]プロパティもすべての[影響]を[100]%にします。

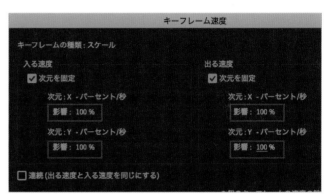

8 これで、ひとつめのエレメンツができました。[グラフエディター]を確認すると、下図のようになっています。

レイヤーを複製して2つのモーションを追加する

1 [30%OFF_circleアウトライン]レイヤーを複製します。❶「30%OFF_circleアウトライン2」レイヤーが追加されました。

❷[0:00:01:00]の線幅を[0]に変更します。再生すると、最後にサークルが消えていきます。このモーションが出番の多い定番パターンです。

2 さらに❸[30%OFF_circleアウトライン2]レイヤーを複製します。

❹[0:00:00:00]の[線幅]を[80]に変更します。

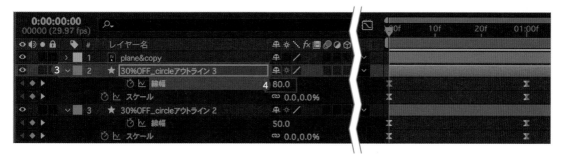

3 ❺[0:00:01:00]の[スケール]を[110]に変更します。

4 それぞれのサークルをソロで再生し確認します。

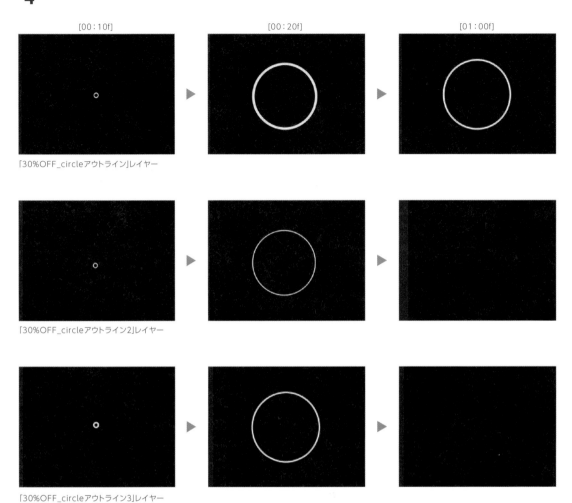

[00:10f]　　　　　　　[00:20f]　　　　　　　[01:00f]

「30%OFF_circleアウトライン」レイヤー

「30%OFF_circleアウトライン2」レイヤー

「30%OFF_circleアウトライン3」レイヤー

5 最後にサークルのタイミングを調整します。今回は
図のように7フレームずつずらしました。
他にもサイズやタイミングを変更して、いろいろな
シーンで使える表現です。

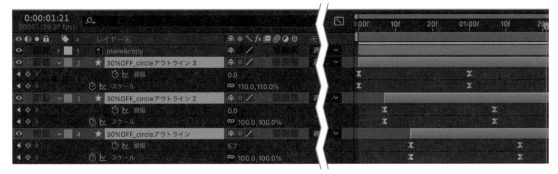

黄色のギザギザサークルに動きをつける

1 [30%OFF_circleBase]レイヤーに[スケール]と
[回転]のモーションをつけます。1秒かけてズーム
イン+ゆっくり回転が続きます。
Sキーを押して[スケール]プロパティを表示しま
す。❶[0:00:00:00]で[0]%、❷[0:00:01:00]で
[100]%のキーを設定します。

2 **⌘** + **shift** + **K**キーを押して[キーフ
レーム速度]画面を表示し、[入る速度]
[出る速度]ともに[影響]を[100]%に
します。

3 次に **shift** + **R**キーを押して[回転]プロパティを
表示します。
❸[0:00:00:00]で[0]°、❹[0:00:06:00]で[120]
°のキーを設定します。

4 2つのキーを選択し、**F9**(**fn**+**F9**)キーを押し
てイージーイーズをかけます。

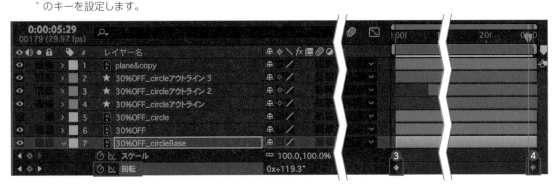

5 [30%OFF]レイヤーは6フレームでフェードインする [不透明度]のモーションをつけます。

Tキーを押して[不透明度]プロパティを表示します。**❺**[0:00:00:00]で[0]%、**❻**[0:00:00:06]で[100]%のキーを設定します。

6 2つのキーを選択し、**F9**（**fn**＋**F9**）キーを押してイージーイーズをかけます。

7 **❼**イン点を[0:00:01:00]に移動します。
全体のタイミングが合いました。
これで完成です。

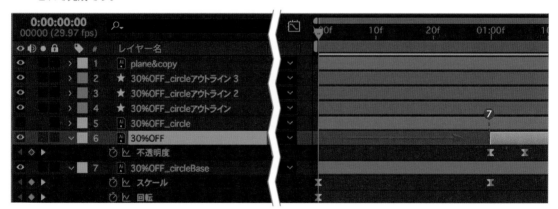

Chapter 8

18

飛行機を斜めにスライドさせる

飛行機とコピーが斜めにスライドインするモーションをつけます。
シンプルに直線で動かし、ゆっくりストップする緩急をつけて印象を強めます。
まず基本のモーションをつけてから、他のモーションとのバランスを調整していきます。

スライドの動きを設定する

1 まずアンカーポイントを変更します。
Yキーでアンカーポイントツールに持ち
替え、飛行機の先端にポイントを移動し
ます。

> プレビュー画面のズームイン/アウトは、マウ
> ス上下ドラッグ、または **,** **.** (カンマ/ピリオド)
> キーです。

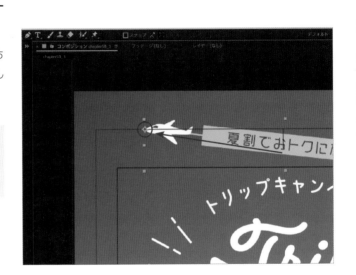

2 [plane&copy]レイヤーを選択し、**P**キーを押し
て[位置]プロパティを開きます。❶[0:00:01:10]
でキーを打ちます。
ここが最後に止まる位置になります。

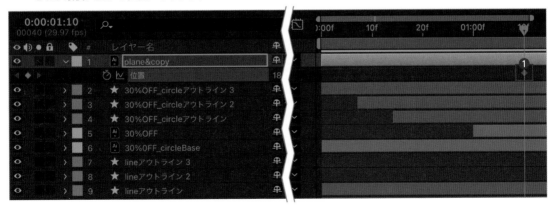

3 <kbd>Shift</kbd>+<kbd>I</kbd>キーを押して全画面表示に戻します。
[時間インジケーター]を❷[0:00:00:00]に移動
し、[コンポジション]パネルで飛行機を❸画面外側
のモーション開始位置へ移動します。

> プレビュー画面の全画面表示は<kbd>Shift</kbd>+<kbd>I</kbd>キーです。

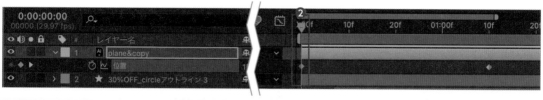

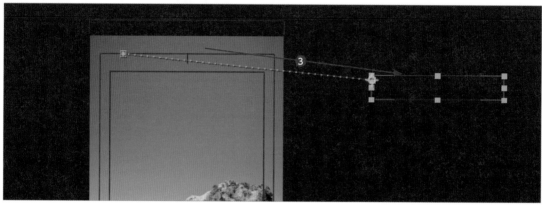

4 <kbd>K</kbd>キーを押して[時間インジケーター]を❹2つ目
のキーへ移動し、飛行機がまっすぐ飛ぶ角度に位置
を調整します。

5 [F9]（[fn] + [F9]）キーを押してイージーイーズをかけます。

6 [⌘] + [shift] + [K] キーを押して[キーフレーム速度]を表示します。
飛行機をゆっくりストップさせたいので、2つ目のキーの入る速度を❺[100]%にします。

7 [グラフエディター]で速度グラフを見てみましょう。後半の動きがゆっくりになっているのがわかります。

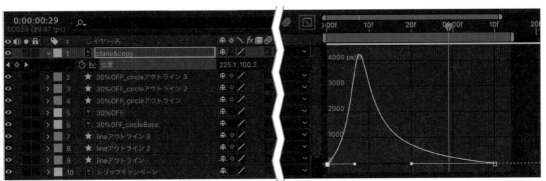

[ここも CHECK!]

いろいろなパターンを試してみましょう

速度の頂点＝ピークの位置を早めると、ストップにかかる時間は長くなり、スピードが変化します。 2つのキー位置と内容は同じでも、モーションのタイミングが変化するのがわかります。

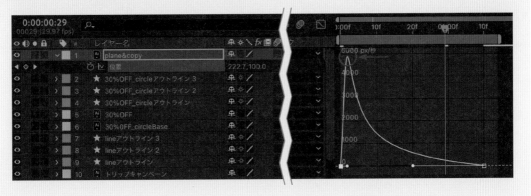

動く広告3連発＆合体

Chapter **8**

8 最後に他のモーションとのタイミングを考えて、飛
行機が登場するタイミングをうしろへずらします。
タイトルがすべて出揃う少し手前で飛行機がイン
してほしいので、今回は[0:00:01:20]にイン点を
ずらしました。
前後に移動して、好きなタイミングを見つけてくだ
さい。
これで飛行機のパートは完成です。

19

ムービーを挿入する

仮で入れていた「movie image」レイヤーをムービーファイルに入れ替えます。

ムービーを配置する

1 プロジェクトパネル下部の何もない部分をダブルクリックします。

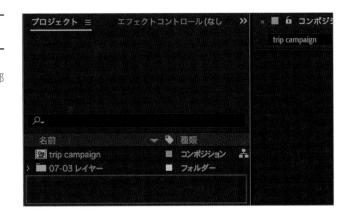

2 ダウンロードしたデータから [07-07. mp4]を選択し、[開く]をクリックします。

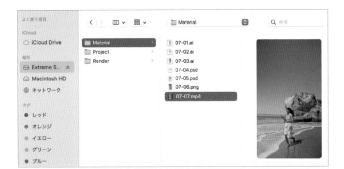

3 「movie image」レイヤーの上にドラッグ&ドロップします。
映像が配置されました。

「movie image」レイヤーは必要なくなったので、非表示または削除します。

これですべての工程が完成です。再生してみましょう。

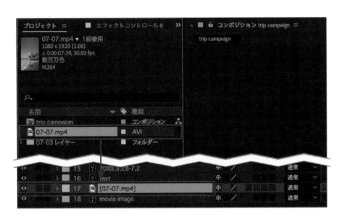

[ここも CHECK!]

ムービーをカットする

サンプルデータは、あらかじめムービーの長さを調整していますが、実際の作業では長い映像の一部をカットして使用するケースがほとんどです。そこで、AEで映像をカットする方法を2つ紹介します。

映像の一部を抜き出す

`option` ＋ `[`／`]` キーでトリムし、任意の位置に移動します。

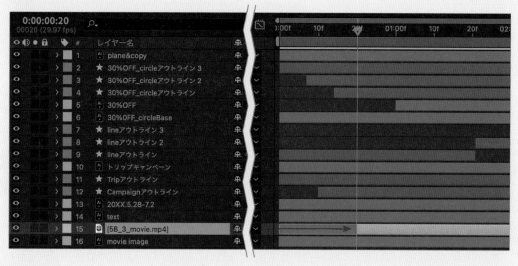

映像を分割する

`Shift` ＋ `⌘` ＋ `D` キーでレイヤーを分割し、必要ないレイヤーは削除します。

1本のムービーから複数のカットを使いたい時にはこの方法が便利です。

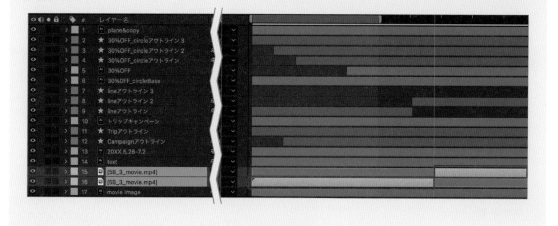

[ここも CHECK!]

レイヤーの中身を入れ替える

サンプルデータの映像はイン点をカットせず使えるデータのため、そのまま入れ替える方法も使えます。

1 [プロジェクト]パネルの❶[07-07.mp4]と、
[タイムライン]パネルの❷「movie image」
レイヤーの両方を選択した状態で option キー
を押しながらドラッグ&ドロップします。

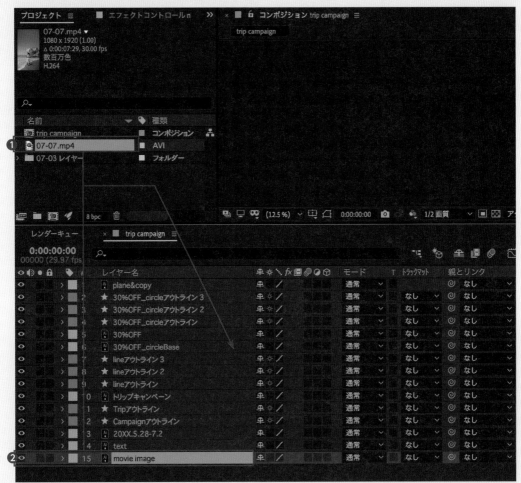

2 「movie image」レイヤーの中身が[07-07.
mp4]に入れ替わります。

> 適用しているキーフレームなどはそのままに入れ替え
> できます。スライドショーなど、多くの素材を試しなが
> ら入れ替えたい時など、便利な方法です。

3 このときレイヤー名は変更になりませんが、❸ レイヤーマークと❹ソース名は変更されています。

[タイムライン]パネルの❺をクリックすると[ソース名]表示に切り替えられます。

フッテージパネルで編集する

[プロジェクト]パネルでムービーファイルをダブルクリックすると、❻[フッテージ]パネルに表示されます。

ここで❼イン/❽アウト点を指定したり、❾「オーバーレイ編集」ボタンでタイムラインの任意の位置に配置することができます。

Chapter 8

20

動画をつないでトランジションで切り替える

ここまでに作成した3本のムービーを1本につないで、トランジションで切り替えて表示します。まずは3本をひとつのコンポジションにまとめてから、トランジションを設定していきます。

完成コンポジションを作成

まずは新たなコンポジションを作成し、3つの完成コンポジションをひとつにまとめます。

1 新規コンポジションを作成します。コンポジション名は❶[Publish]とします。 ❷[幅]と[高さ]を1080x1920、❸[フレームレート]を29.97、❹[デュレーション]を20秒に設定したら、右下の[OK]をクリックします。

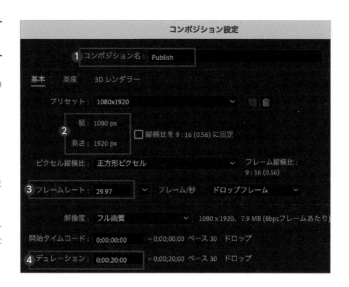

2 [Publish]コンポジションに、今まで作成した[SALE]、[New Open!]、[Trip Campaign]コンポジションをドロップします。

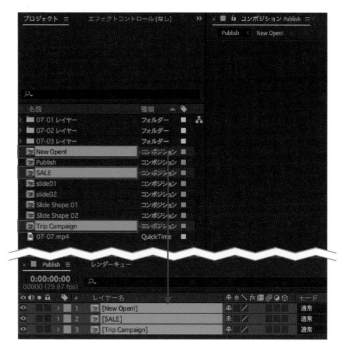

3 下から順に配置したいため、⌘キー
を押しながら下のレイヤーから順にク
リックして選択します。

4 右クリックし[キーフレーム補助]→[シーケンスレイ
ヤー]を選択します。

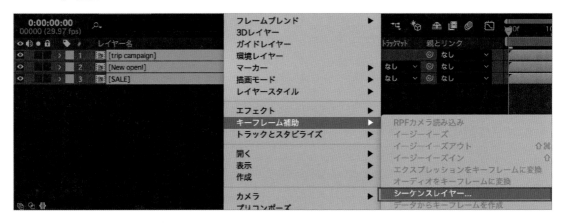

5 [シーケンスレイヤー]画面でデュレー
ションを❺[0:00:01:00]に設定します。

1秒ずつ重なるように配置したいので、デュ
レーションを1秒にしています。

6 階段状に1秒ずつ重なる状態で再配置されました。
この❻重なる部分にトランジションを設定し、切り
替えていきます。

Chapter 8

21

トランジションを作成する

3つのコンポジションの切り替えに使うグラフィカルなトランジションを作成します。

トランジションとは

トランジションとは、遷移、移行などを意味する言葉で、ムービー編集では映像の切り替えにつける効果のことです。シンプルにフェードイン/アウトをブレンドするディゾルブから、光やオブジェクトが横切る、ズームしながらワイプする、暗転する、などなど、無限の表現があります。

時間にすればほんの数フレームから、長くても数秒のトランジションですが、ムービーの印象に大きく影響します。

今回はシェイプレイヤーを使って、グラフィカルなトランジションを2パターン作成します。

[パターン1] 斜めに横切る

[リニアワイプ]エフェクトを使い、斜めにスライドするトランジションを作成します。

スライドするシェイプモーションを作成

1 新規コンポジションを作成します。
コンポジション名は❶[Slide Shape
01]とします。
❷[幅]と[高さ]を1080x1920、❸[フ
レームレート]を29.97、❹[デュレーショ
ン]を2秒に設定します。

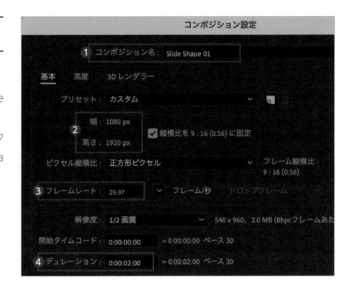

2 [ツール]パネルで❺[長方形ツール]を
選択します。
❻[塗り]と[線]が表示されるので、[塗
り]を単色の白(FFFFFF)、[線]なし、
に設定します。
もう一度❺[長方形ツール]をダブルク
リックします。

3 コンポジションサイズの長方形シェイプ
レイヤーが作成されました。

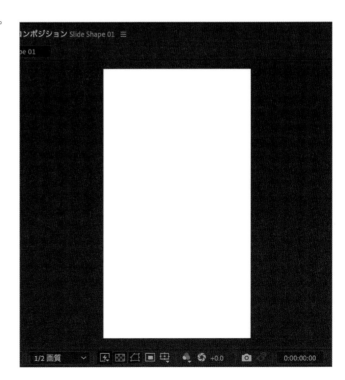

4 [シェイプレイヤー1]を選択した状態で、[エフェクト&プリセット]パネルで[トランジション]→[リニアワイプ]エフェクトをダブルクリックします。

5 [エフェクト&コントロール]パネルで設定していきます。❼[変換終了]を[50]%にすると、トランジションの変換が半分進んだ状態が表示されます。
❽[ワイプ角度]を確認しながら調整します。
ここでは[120]°に設定しました。

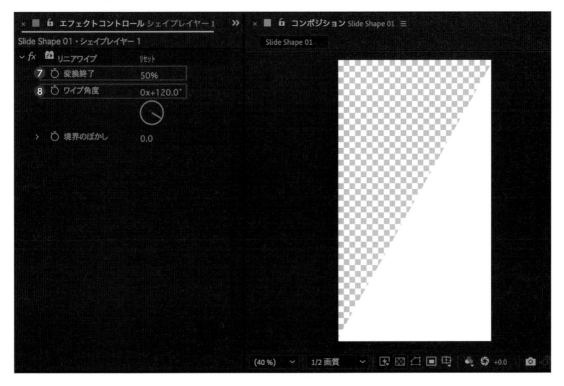

6 [タイムライン]パネルで[エフェクト]→[リニアワイプ]を展開します。

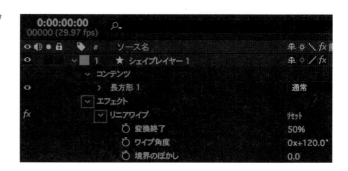

7 [リニアワイプ]の[変換終了]にキーフレームを設定します。

❾[0:00:00:00]で[100]%、 ❿[0:00:00:24]で[0]%に設定します。

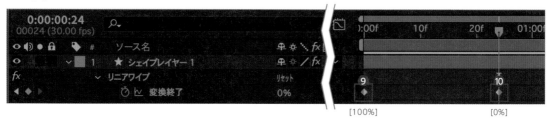

8 緩急を強めにつけたいので、2つのキーを選択し、⌘+Shift+Kキーを押して[キーフレーム速度]画面を表示します。

[入る速度][出る速度]ともに[影響]を[80]%に変更します。

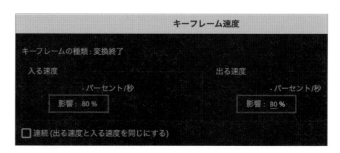

9 グラフを見ると、最初と最後はゆっくりで、真ん中が早いことがわかります。再生して確認しましょう。

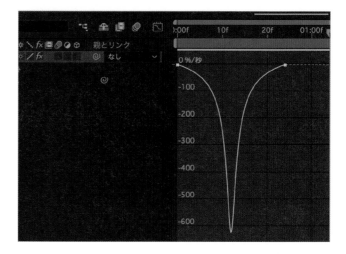

レイヤーを複製してモーションを完成

1 [シェイプレイヤー1]を選択し、⌘＋Ｄキーでレイヤーを2つ複製します。後ろへ8フレームずつずらします。

フレームをずらすショートカットキーは fn ＋ ↓ キー(Winの場合は option ＋ page down)です。

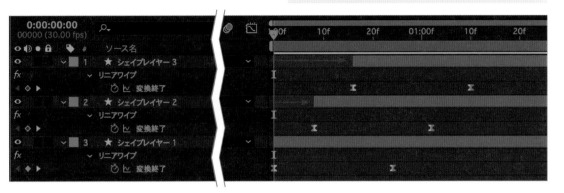

2 [塗り]の色を変更します。
ここでは2つ目のシーンから色を使いたいので、[プロジェクト]パネルでコンポジションを選択し、スポイトで色をそれぞれピックアップしました。

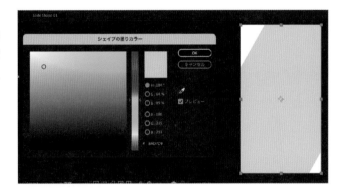

3 再生すると、3色のシェイプが斜めにスライドするトランジションが完成しました。

[シェイプレイヤー2]

[シェイプレイヤー3]

マスクを作成

このままだと、最後のシェイプが画面いっぱいに表示さ
れて終わりますが、トランジションで切り替え後に次の
シーンを見せたいので、マスクを追加して最後は透明の
状態にします。

1 マスク用にもうひとつレイヤーを複製します。[シェ
イプレイヤー4]が作成されました。

2 マスク用以外のすべてのレイヤーを選
択し、右クリックして[プリコンポーズ]を
選択します。

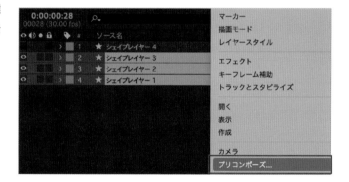

3 [プリコンポーズ]画面で、新規コンポジ
ション名を[Slide 01]とつけます。

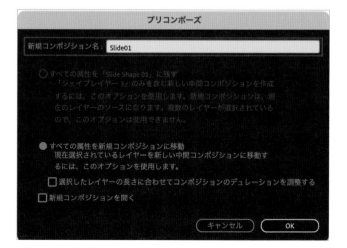

4 この[Slide 01]に[トラックマット]→[アルファ反転
マット]を設定します。

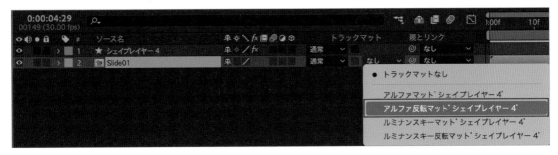

5 [シェイプレイヤー4]が透明になりまし
た。

6 [シェイプレイヤー4]の先頭を❶[0:00:00:24]に
移動します。

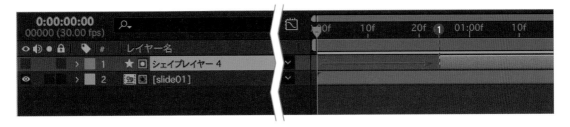

7 再生すると、[0:00:00:24]から透明の[シェイプレ
　 イヤー4]が入ってきて、最後は100%透明になりま
　 す。これで完成です。

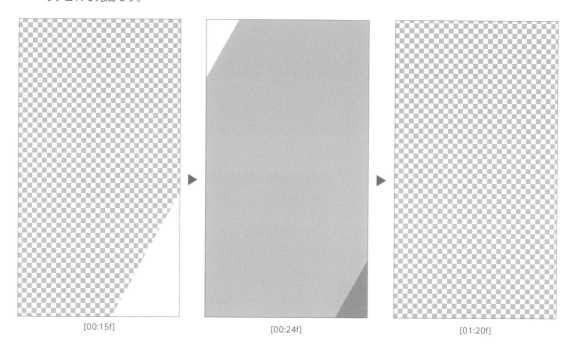

[00:15f]　　　　　　　[00:24f]　　　　　　　[01:20f]

[ここも CHECK!]

[ワイプ角度]のバリエーション

[リニアワイプ]の[ワイプ角度]を変更するこ
とで、いろいろなパターンが作成できます。

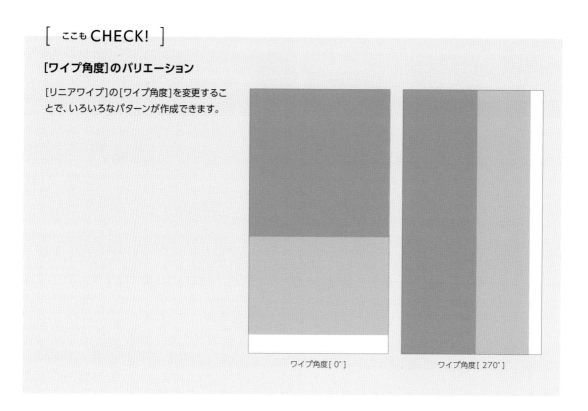

ワイプ角度[0°]　　　　　　ワイプ角度[270°]

［パターン2］
中央から開くシェイプモーション

もうひとつのトランジションを作成します。
ペンツールを使って直線を描き、［パスのトリミング］を
使うことで中央から開くモーションを作成します。

> ［パスのトリミング］の詳細についてはP.239～243を参照
> してください。

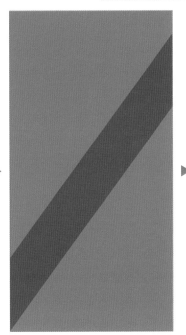

線を作成する

1 新規コンポジションを作成します。
コンポジション名を❶［Slide Shape
02］とします。
❷［幅］と［高さ］を1080x1920、❸［フ
レームレート］を29.97、❹［デュレーショ
ン］を2秒に設定します。

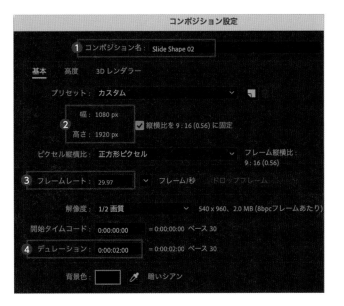

2 [ツール]パネルで❺[ペンツール]を選択します。❻[塗り]なし、[線]単色（3つめのシーンから色をとりました）に設定します。
太さはあとで変更するため、仮で[10]にしておきます。

3 ⬛キーを押して、[コンポジション]パネルに❼タイトル/アクションセーフを表示しておきます。

4 左上から右下へ直線を描きます。

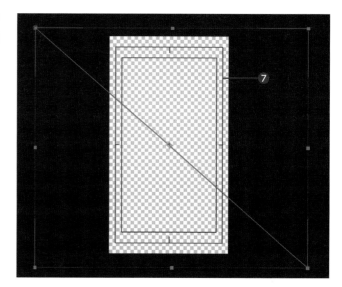

5 線幅を❽[2500]pxまで上げます。画面いっぱいになりました。

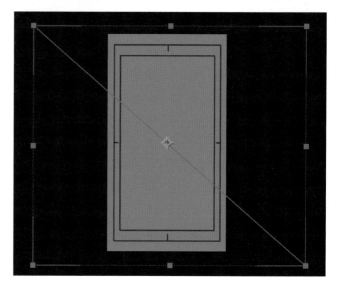

「パスのトリミング」を適用する

1 [タイムライン]パネルで[シェイプレイヤー1]の❶
をクリックして展開します。❷[追加]をクリックし、
[パスのトリミング]を追加します。

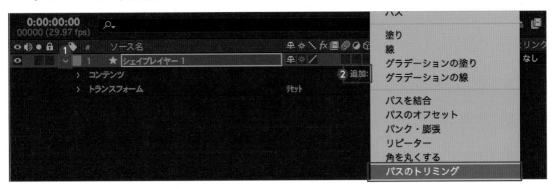

2 [0:00:00:00]で❸[開始点][終了点]をともに
[50]%にします。

3 ❹[0:00:00:24]で❺[開始点]を[0]%・[終了点]
を[100]%と、逆の数値を入力します。再生すると、
中央から両方向へ伸びるモーションができました。

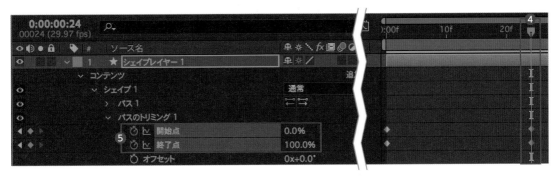

4 シェイプの中心をコンポジション中央に合わせま
す。これでぴったり中央から始まります。
コンポジションの中心は❻[+]表示されている部
分です。[シェイプレイヤー1]を選択して、アンカー
ポイントの位置で合わせます。

[選択ツール]で合わせましょう。[アンカーポイントツール]
だとアンカーポイントが動いてしまいます。

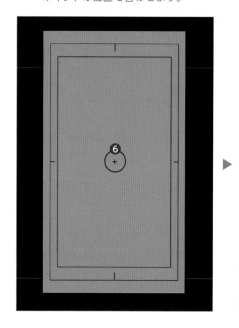 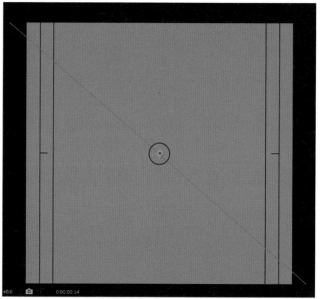

5 それぞれのキーフレームを選択し[⌘]+
[shift]+[K]キーを押して[キーフレーム
速度]画面を表示し、[入る速度][出る
速度]ともに影響[100]%の強い緩急を
つけてみます。
再生してタイミングを確認しながらお
好みで調整しましょう。

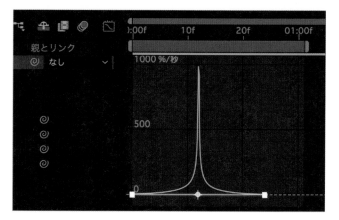

[ここも CHECK!]

パスのトリミング

このトランジションで使う[パスのトリミング]は、その名の通りパスをトリミングする機能で、シェイプレイヤーの追加プロパティの中でも、よく使う項目のひとつです。

ベーシックなサークルのシェイプエフェクトを作成して[パスのトリミング]の基本機能を確認しておきましょう。

> パスを結合
> パスのオフセット
> パンク・膨張
> リピーター
> 角を丸くする
> パスのトリミング
> 旋回
> パスのウィグル
> トランスフォームのウィグル
> ジグザグ

シェイプレイヤーに追加できる10の効果

1 新規コンポジションを作成します。コンポジション名に❶[パスのトリミング]と入力します。❷[幅]と[高さ]を1080×1080pxに設定します。正方形のコンポジションができました。

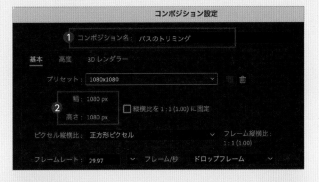

2 [ツール]パネルの❸[長方形ツール]
を長押しして、❹[楕円形ツール]を
選択します。❺[塗り]なし[線]単色
（好みの色）で、[線幅]を10pxに設
定します。

[楕円形ツール]をダブルクリックす
ると、コンポジションサイズのサー
クルが作成されます。

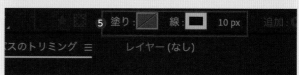

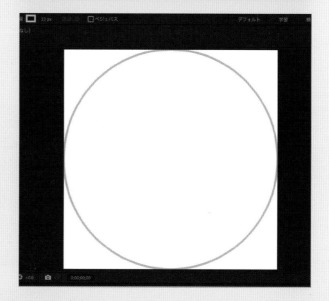

3 [タイムライン]パネルで、[シェイプレイヤー1]の
❻[追加]→[パスのトリミング]を選択します。

5 [パスのトリミング]が追加されました。[開始点][終了点]を使って、パスの始点と終点をアニメーション化する機能です。

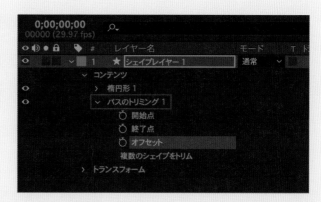

それぞれのパラメータをドラッグすると、パスがトリミングされていきます。
例えば終了点を50%にするとパスがちょうど半分にトリミングされます。そこで[オフセット]をドラッグするとパスの位置がオフセットしていきます。

[終了点]50%

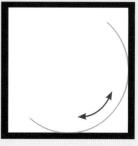

[オフセット]をドラッグ

6 それでは定番のモーションを作成しましょう。終了点[100]% /オフセット[0x+0.0°] に戻します。
❼[0:00:01:00]でキーを打ち、❽[0:00:00:00]で[0]% に設定します。

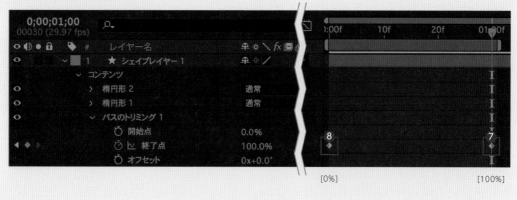

[0%]　　　　　　　　　　　　　　　　　　　　　　[100%]

7 時計方向にパスが表示されるアニ
メーションができました。

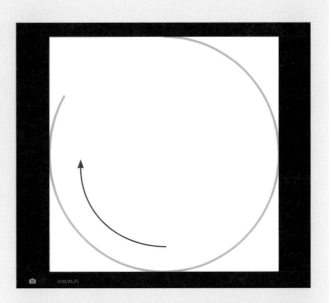

8 2つのキーを選択し、**F9**（**fn** +
F9）キーを押してイーズをかけま
す。

9 グラフエディターでお好みの緩急に調整します。

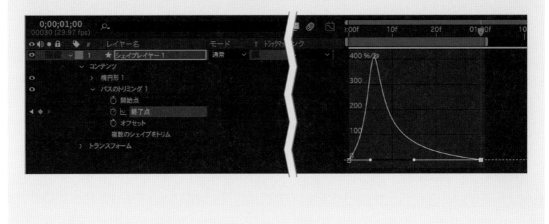

10 [終了点]の2つのキーフレームを選択し、⌘＋
Ⓒキーでコピーします。[時間インジケーター]
を❾[0:00:00:00]に移動し、❿[開始点]を選
択して⌘＋Ⓥキーでキーフレームをペースト
します。

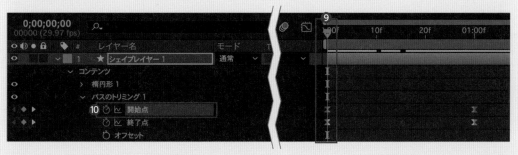

11 そのままだと、開始と終了が重なり、何も表示
されません。[開始点]のキーフレームを4フ
レームうしろへ移動します。

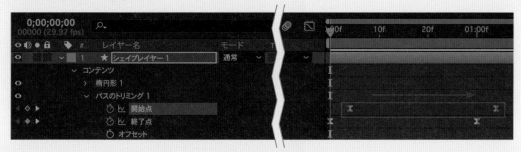

12 これで完成です。
時計方向に終了点でパスが出現しながら開始
点が追いかけるようにパスを消していくアニ
メーションができました。

線幅やカラーを変更したり、[線1]を開き、先端を丸型
にするなど、アレンジすればいろいろなあしらいに使
えます。

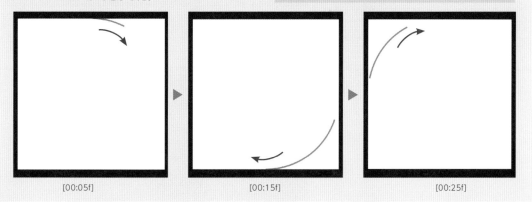

[00:05f]　　　　　[00:15f]　　　　　[00:25f]

レイヤーを複製する

1 あとは1つめのトランジションと同じ流れです。こ
こではレイヤーを2つ複製します。
[シェイプレイヤー2]のキーフレームを後ろへ8フ
レームずつずらします。

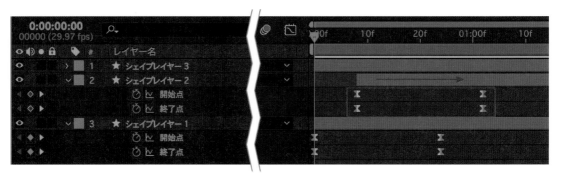

2 [シェイプレイヤー2]の線の色を変えま
す。

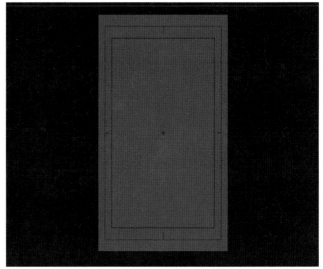

[シェイプレイヤー2]

3 [シェイプレイヤー1][シェイプレイヤー
2]を選択し、右クリックして[プリコン
ポーズ]を選択します。

4 [プリコンポーズ]画面で、新規コンポジション名を[Slide 02]とつけます。

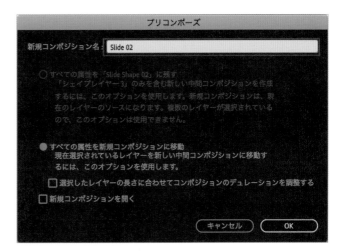

マスクを作成

1 この[Slide 02]に[トラックマット]→[アルファ反転マット]を設定します。

2 [シェイプレイヤー3]の先頭を❶[0:00:00:14]に移動します。

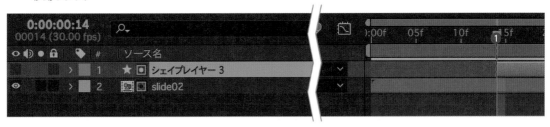

22

トランジションを配置する

最後にトランジションを配置していきます。
シェイプが画面いっぱいになるタイミングで切り替え、マスクへ切り替わる時には次のコンポジションが表示されるタイミングに配置します。

トランジションを配置して位置を整える

---

1 [プロジェクト]パネルで[Slide Shape 01]と[Slide Shape 02]コンポジションを選択し、[タイムライン]パネルへドラッグして配置します。

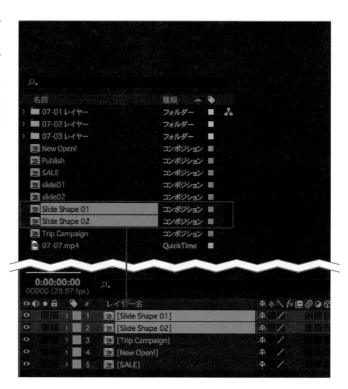

2 1つめのトランジション❶[Slide Shape 01]コンポジションを[0:00:03:15]からスタートするように配置しました。

わかりやすいようにラベルカラーを変更しています。

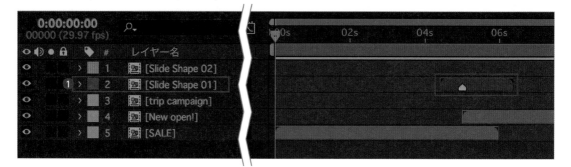

[ここも CHECK!]

マーカーを使って切り替え地点をわかりやすくする

トランジションレイヤーの切替ポイントにマーカーをつけて作業するとわかりやすいです。
レイヤーを選択して右クリック→[マーカー]
→[マーカーを追加]を選択します。

レイヤーマーカーはMacとWinでショートカットが異なります。
Macはレイヤーを選択し、ctrl＋8キーとシンプルですが、Winはレイヤーを選択し、テンキーパッドの *(アスタリスクキー)(Macもこのショートカットもあり)です。
レイヤーマーカーを削除するには⌘キーを押しながらクリックします。

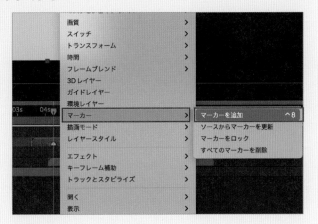

3 映像の切り替えるタイミングは、再生しながら決めていきます。
　トランジションが全て終わってから次のシーンのモーションが始まるより、切り替わる時には次のシーンも少し動き始めているというように、微妙に連動させたほうが自然に見えるので、そこを調整しながら仕上げましょう。

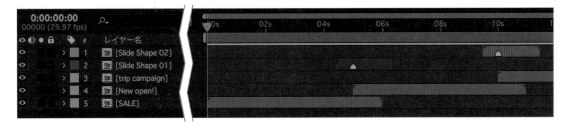

4 これですべての工程が終了です。3つの「動く広告」がトランジションで切り替わる1本のムービーが完成しました。

Chapter

9

✕✕✕✕✕✕

ユニコーンを動かす

イラレで作成したユニコーンのイラストにさまざまなモーションをつけていきます。羽根や手足、たてがみ、目などに、滑らかで自然な動きをつけるテクニックを学びます。

「ユニコーンを動かす」とは

Chapter6ではクリスマスカードにベーシックなモーションをつけましたがこの章ではもっと細かいテクニックを盛り込みます。キャラクターがさらに魅力的に動きだします。

ユニコーンのイラストにアニメーションをつけていきます。この作例では羽根や脚、目、ロゴなどに個別のモーションを設定していきますので、元のイラレデータのレイヤー構造もやや複雑になっています。ただし、ここまでに学んできた基本操作を理解していれば、それほど難しくないはずなので、ぜひチャレンジしてみましょう。

Sample Movie ▶

Download Data ▶

Chapter 9

Chapter 9

02

素材データを確認する

まずは元となるイラレデータの構造を確認します。
サンプルデータ「09-01.ai」をIllustratorで開いてみましょう。

元のイラレデータの構造を確認する

---

1 ダウンロードデータのフォルダから
「chapter9」→「Material」→「09-01.
ai」を選択し、Illustratorで開きます。

サイズ：800×600px
裁ち落とし：0px
カラーモード：RGB

2 全部で24レイヤー作成されています。
たとえば羽根は上中下の3つに分かれ
ているので、個別にモーションを設定で
きます。レイヤー数が多いため複雑そ
うに見えますが、同じモーションをコピ
ペする作業も多いのでコツをつかめば
スムーズに進められます。

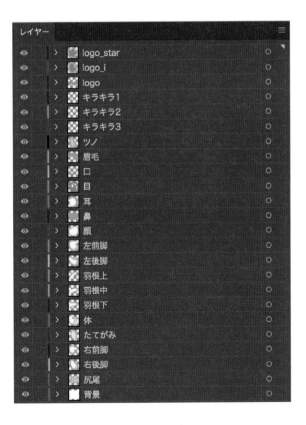

03 コンポジションを設定する

AEを起動してイラレデータを読み込みます。
コンポジション設定を確認し、タイムラインにレイヤーを表示させます。

**イラレデータを読み込み
コンポジションを設定する**

1 これまでの作例と同じようにして、AEに
「09-01.ai」を読み込みます。
[プロジェクト]パネルの[09-01]コンポ
ジションを選択します。

2 ⌘+Kキーを押して、コンポジション
設定のダイアログを開きます。❶[幅]
[高さ]800×600px、❷[フレームレー
ト]30、❸[デュレーション]10秒に設定
します。
さらに、コンポジション名を❹[Unipy]
にして、[OK]をクリックします。

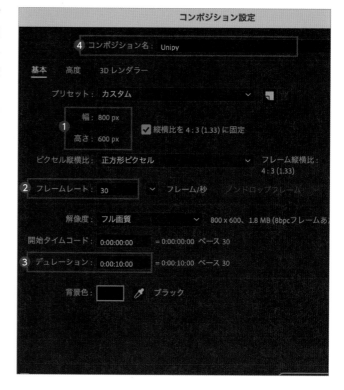

3 [プロジェクト]パネルで[Unipy]コン
ポジションをダブルクリックし、[タイム
ライン]パネルにレイヤーを表示しま
す。

Chapter 9

04 羽根にモーションをつける

羽根パーツがパタパタと羽ばたくモーションを設定します。
自然で滑らかな動きになるようにエフェクトを適用し、回転プロパティと組み合わせます。

アンカーポイントと位置を調整する

1 まず、羽根にモーションをつけていきます。3つのレイヤーのラベルカラーも変えておきましょう。今回はピンクにしました。

2 [羽根上]レイヤーをソロ表示にします。**Y**キーで[アンカーポイント]ツールに持ち替え、アンカーポイントを付け根中央に移動します。

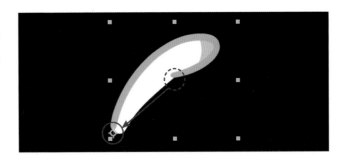

3 この状態で**R**キーを押して[回転]プロパティを表示し、❶を左右にドラッグして回転をプレビューしてみましょう。羽がまっすぐのまま左右に回転しますね。機械的な印象です。

回転しながら少ししなるように曲げるためにこれからエフェクト効果を追加します。[回転]数値を[0]°に戻しておきます。

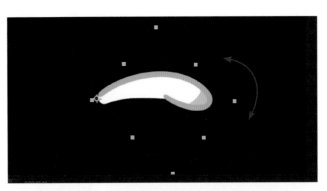

CC Bend It エフェクトを適用する

1 ［エフェクト＆プリセット］パネルで❶
［bend］で検索すると、［ディストーショ
ン］→「CC Bend It］が表示されます。
このエフェクトを適用します。

> bend＝曲げるの意味で、オブジェクトを曲げ
> るエフェクトです。

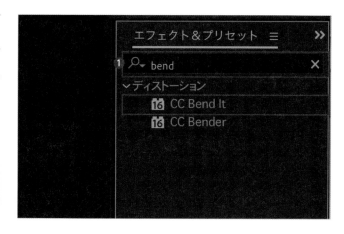

2 羽が切れてしまいましたが、大丈夫です。［エフェク
トコントロール］パネルの❷［CC Bend It］をクリッ
クすると、❸Startと❹Endのポイントが見えてき
ます。

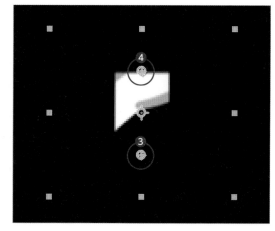

3 ❺Startボタンをクリックして、アンカーポイント付
近へ移動します。

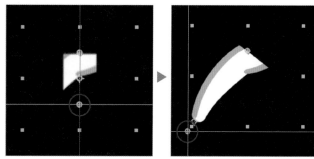

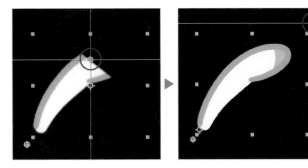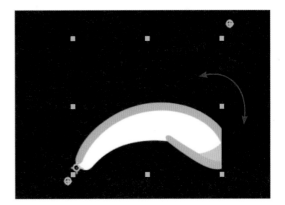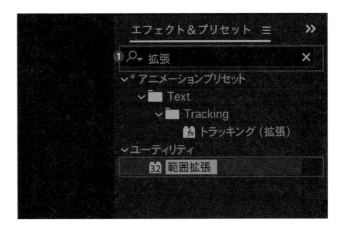

4 ❻Endボタンをクリックして、羽の先端付近へ移動します。これで全体が見えるようになりました。

5 Bendの値を左右にドラッグしてみましょう。羽がしなるように左右に曲がるのですが、今度は左右が見切れてしまいます。

範囲拡張 エフェクトを適用する

1 [エフェクト＆プリセット]パネルで❶[拡張]で検索し、[範囲拡張]エフェクトを追加します。

2 レンダリングの順番を先にするため❷を上に移動します。数値を上げていくと範囲が拡張され見切れが解消されました。今回は❸[150]に設定しました。

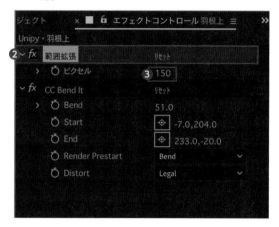

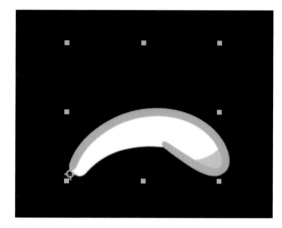

ループ範囲を設定する

1 開始となる[0:00:02:00]に[時間インジケーター]を移動します。🅑キーで❶ワークエリアの開始を設定します。

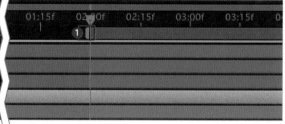

2 終了となる[0:00:05:29]に[時間インジケーター]を移動します。🅝キーで❷ワークエリアの終了を設定します。

終了点に[0:00:06:00]を含めると開始点のフレームと被ってしまい、綺麗なループになりません。

CC Bend Itキーフレームの設定

1 [Bend]にキーフレームを設定します。
[0:00:02:00]で❶ストップウォッチをクリックし、左に❷[-10]曲げます。

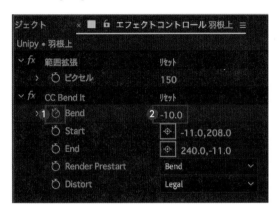

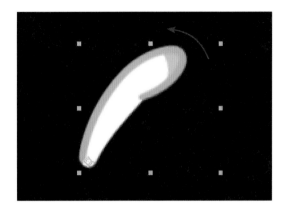

2 **U**キーで[タイムライン]パネルにキーフレームを表示します。10フレーム進めます。[0:00:02:10]で右に❸[+14]曲げます。

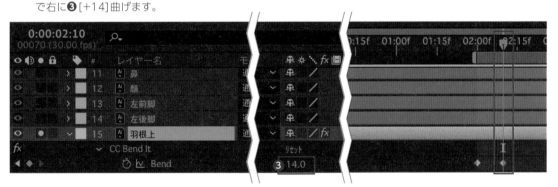

3 2つのキーに **F9** (**fn** + **F9**)キーを押してイージーイーズをかけます。

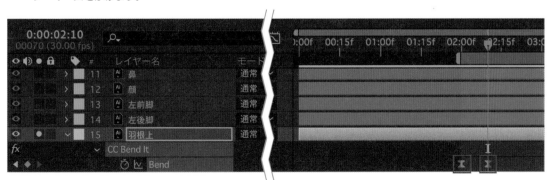

エクスプレッションでループさせる

この動きをループさせるには、キーをコピペしていく方
法もありますが、ここではエクスプレッションを使います。

1 `Option` キー を押しながら[Bend]の**❶**ストップ
ウォッチをクリックします。**❷**「loop」と入力すると
候補が表示されるので、「loopOut()」を選びます。

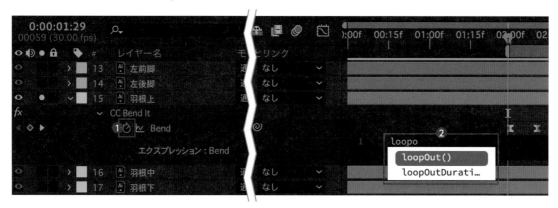

2 次に**❸**「"」を入力し、「loopOut("pingpong")」
と入力します。

3 再生すると、ピンポンのように、1→2→1→2→と
キーフレーム間を繰り返す動きがつきました。

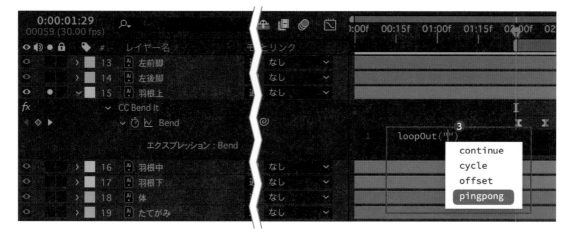

回転キーフレームの設定

さらに[回転]キーフレームも追加し、あと追いさせることで自然な揺れを表現します。

1 **Shift** + **R** キーで[回転]プロパティも表示します。
[0:00:02:00]で❶ストップウォッチをクリックし、
左に❷[+2]°設定します。

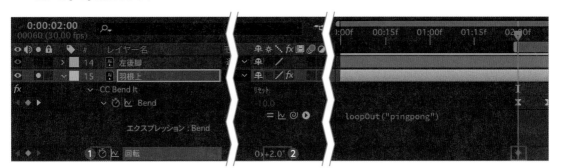

2 [0:00:02:10]で右に❸[+14]°設定します。

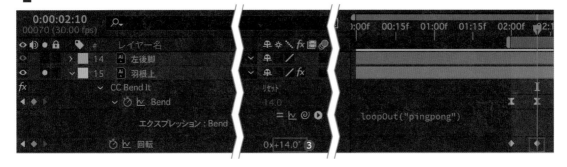

3 2つのキーに **F9** (**fn** + **F9**)キーを押してイージーイーズをかけます。

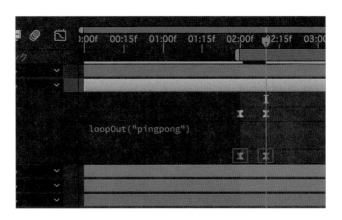

4 ❹[Bend]で右クリックし、「エクスプレッションのみコピー」を選択します。

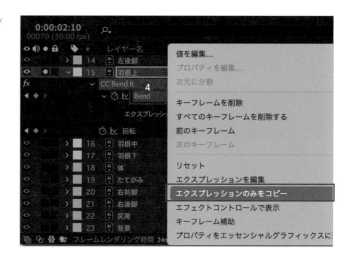

5 [回転]プロパティに ⌘ + V キーを押してペーストします。

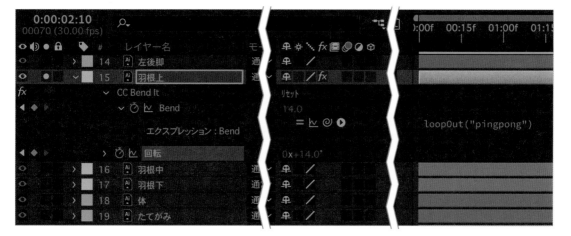

キーフレームをオフセットする

1 [Bend]のキーフレームを `option` + ➡ キーを押して
5フレームうしろへずらします。
再生すると、Bendと回転にずれが生じることで、
それぞれの動きがあと追いする効果で、さらに自
然なしなりがつきました。

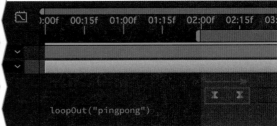

2 でも、ループに違和感があります。これは、エクス
プレッションが「最初のキーからうしろに」ループさ
せるからです。そこで、4つのキーを選択し、[Bend]
の最初のキーが[0:00:02:00]になるよう左にドラッ
グします。これで完成です。

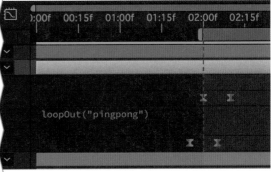

Chapter 9

05 他の羽根にもモーションを設定する

あとは同じ要領を繰り返して他の羽根にも設定していきましょう。

1 アンカーポイントの位置を変更します。

最初に設定するアンカーポイントの位置は画像を参考に。

[羽根中]レイヤー

[羽根下]レイヤー

2 [CC Bend It]と[範囲拡張]エフェクトを適用します。

エフェクトのコピペは、範囲拡張は可能ですが[CC Bend It]は個別にStart/Endを設定する必要があります。

3 [CC Bend It]のキーフレームを設定します。
[羽根中]レイヤー：-42/+16
[羽根下]レイヤー：-4/+14

4 エクスプレッションで動きをループさせます。

キーフレームの間隔は全て同じ設定です。

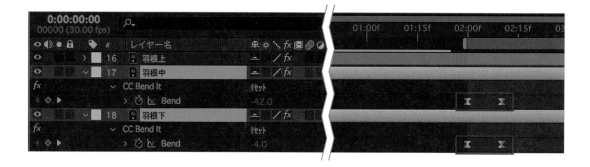

5 [回転]プロパティを追加し、キーフレームを設定します。

[羽根中]レイヤー：+16/+11
[羽根下]レイヤー：+7/+2

6 エクスプレッションで動きをループさせます。

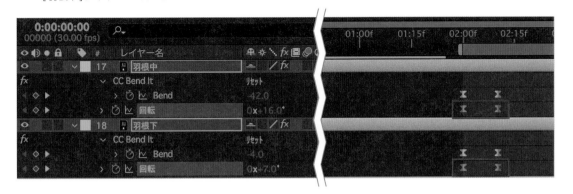

7 [Bend]のキーフレームを後ろに5フレームずらします。

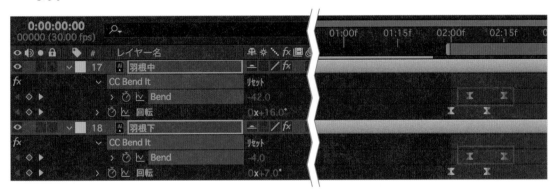

8 レイヤーのキーフレームをずらします。

[羽根中]レイヤー：[Bend]最初のキーが[0:00:01:27]
[羽根下]レイヤー：[Bend]最初のキーが[0:00:02:00]

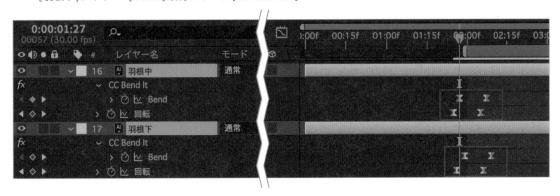

[ここも CHECK!]

たてがみと尻尾にも設定する

羽根のはばたきだけでもじゅうぶんキュートで、どこのパートまで動かすかはお好みになります。
たてがみと尻尾にも連動した揺れをつけてもいいですね。
ポイントはすべてが少しずつ違うタイミングで動いていることです。
現実には、すべての部位が同時に動いたり止まったりすることはないので、より自然な動きを演出できます。
正解はひとつではないので、下記を参考に、自由にモーションをつけてみてください。

たてがみと尻尾はラベルカラーをピーチ
にしました。

たてがみ

1　❶アンカー ポイントとBendの❷
Start/❸End位置は、揺らす位置
を考えて、図のようにしました。アン
カーポイントの位置で揺れ方は大き
く変わるので、確認しながら設定し
ます。
Bend. +12/+13
回転. +0/-3

2　キーの間隔を15フレームにして、羽よりもゆっ
くりと揺らします。Bendと回転のオフセットの
ずれは2フレームにします。❹Bend最初のキー
を[0:00:01:28]に移動します。

3　アンカーポイントやBendのStart/End位置
で、たてがみの位置も微妙に変化するので、最
後に[位置]プロパティでたてがみの位置を微
調整します。

ダウンロードデータで全体の設定を確認できます。

尻尾

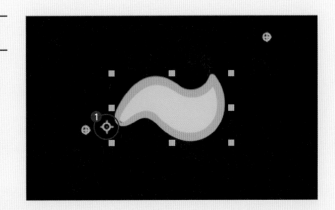

1 ❶アンカーポイントを移動します。
Bend. +4/-8
回転. -4/+4

2 キーの間隔を12フレームにしました。
Bendと回転のオフセットのずれは2フレーム
です。
Bend最初のキーを[0:00:01:26]に移動しま
す。

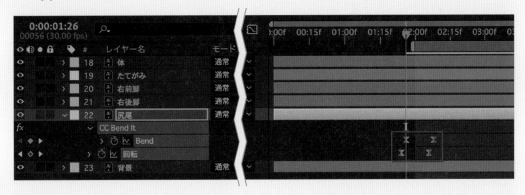

[ここも CHECK!]

シャイを使ってレイヤーを表示/非表示

今回のようにレイヤー数が多い時など、レイヤーの表示/非表示を切り替えられる「シャイ」機能を使うと便利です。

1 [タイムライン]パネルで非表示にしたいレイヤーの❶シャイスイッチをクリックしてオンにします。

2 タイムライン上部にある❷[タイムラインウィンドウですべてのシャイレイヤーを隠す]をオンにします。

3 1でオンにしたレイヤーがすべて非表示になります。(この場合1から10までのレイヤー)

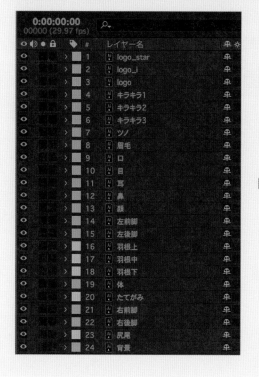 ▶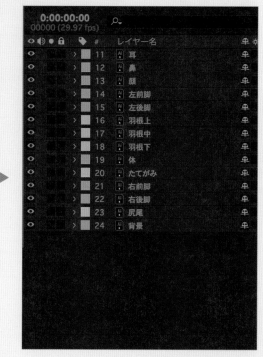

脚にモーションをつける

4本の脚にモーションを設定します。最初に1本だけアニメーションを設定し、他の3本には
キーをコピーして適用します。最後にバランスを見ながら動きのタイミングをずらしてい
きます。

ラベルカラーやレイヤーの表示を整える

4本の脚は、ラベルカラーを前脚はグリーン、
後脚はブルーにしました。
シャイを使って、脚だけを表示します。

左前脚を動かす

1 左前脚を動かしていきます。**Y**キーで[ア
ンカーポイント]ツールに持ち替え、図
のように移動します。

2 **R**キーで[回転]プロパティを表示します。
❶[0:00:02:00]にインジケーターを移動し、❷ス
トップウォッチをクリックします。前脚を少し上に上
げるので、❸[+14]°に設定します。

3 12フレーム進めます。脚を引いた状態にするので
❹[0:00:02:12]で❺[-20]°にします。

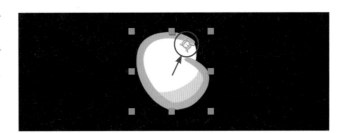

4 2つのキーを選択し、F9（F9＋fn）
キーでイージーイーズをかけます。
ここまでで1サイクルです。

エクスプレッションでループさせる

Option キーを押しながら[回転]プロパティの❶ストップ
ウォッチをクリックします。❷「loopOut("pingpong")」
に設定します。

再生すると、一定のリズムで足が動き出しました。
ワークエリア内をきれいにループしています。

[ここも CHECK!]

スムーズなループアニメーションのために

今回は、4秒＝120フレームでループさせるアニメー
ションを作っています。
スムーズなループを作るにはいくつかコツがあります
が、この脚のように動き続けるアニメーションの場合、
キーフレームの間隔に注意する必要があります。

脚の動きは12フレームで1サイクルにしています。こ
れは、作品全体の120フレームで割り切れる数字です。
ここに気をつけないと、ループして最初に戻るときに
カクン、と動きに違和感が出ます。
ここに気をつければ、内容に応じてキー全体を前後に
動かすのは問題ありません。

ユニコーンは[120F]でループ

| 脚は[12F]でループ → | 12 | 12 | 12 | 12 | 12 | 12 | 12 | 12 | 12 | | OK! |

| 羽根は[10F]でループ → | 10 | 10 | 10 | 10 | 10 | 10 | 10 | 10 | 10 | 10 | 10 | 10 | OK! |

| もし[14F]でループなら → | 14 | 14 | 14 | 14 | 14 | 14 | 14 | 14 | 1 | NG! |

**作品全体のフレーム数で割り切れるサイクルのループをつくると
全体がスムーズにループします**

残りの3本の脚も動かす

同じ要領で、残りの3本の脚も動かします。
アンカーポイントは図を参考に設定してください。

右前脚

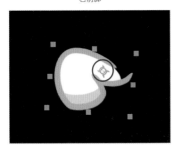

[回転]プロパティ：[+14]°/[-20]°

左後脚

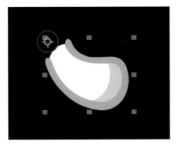

[-9]° / [+29]°

右後脚

[-9]° / [+29]°

すべての脚のキーフレームをオフセットする

仕上げに、すべての脚のキーフレームを少しずつずらします。キーフレームを選択して option +ドラッグでキーの位置を調整します。

今回の設定
[回転]プロパティ　1つ目キーの位置
❶右前脚　[0:00:01:25]
❷左後脚　[0:00:01:28]
❸右後脚　[0:00:02:02]

リアリティを追求するアニメーションではありませんが、それでも実際の馬の脚が同時に動かないように、このユニコーンもずらさないと不自然に見えます。
実際の馬を見たり、それが無理ならネットなどで見つけた動画をコマ送りで見ると参考になります。

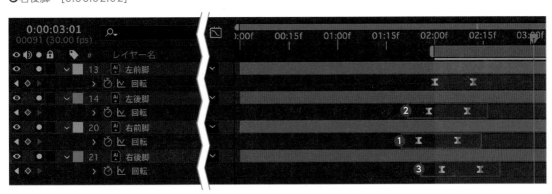

この設定以外にも、いろいろ試してみてください。

目と眉毛にパスアニメーションをつける

ユニコーンが、こちらをチラッと見るように、目とまゆげにモーションをつけていきます。
ここではパスにアニメーションをつけていきます。

レイヤーを準備する

---

1 これからモーションをつけていく顔の
パーツ、上から「眉毛・口・目」のラベル
カラーをフクシアピンクにします。
「口・目」は「シェイプを作成」後のレイ
ヤーのカラーを変更します。

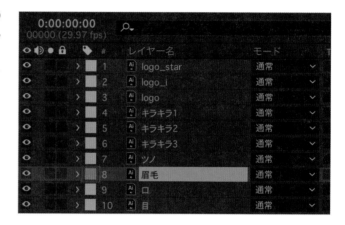

2 目のレイヤーを右クリックし、❶[作成]→[ベクトル
レイヤーからシェイプを作成]を選択します。

3 [目アウトライン]レイヤーが作成されました。グループ1から3まで確認し、使う箇所をリネームしていきます。

❷[グループ1]→[アウトライン](目のアウトラインとまつげ)
❸[グループ2]→[瞳孔]
❹[グループ3]→[黒目]

この3つにモーションをつけていきます。

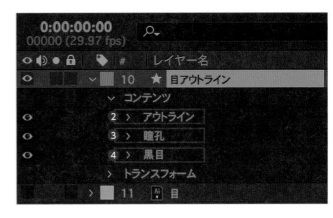

[アウトライン]レイヤー

[瞳孔]と[黒目]レイヤー

マーカーを設定する

目がこちらを見る→元の位置に戻るタイミングにマーカーを設定します。

1 ❶コンポジションマーカーを右からドラッグして[0:00:03:05]に追加します。

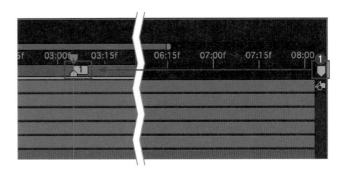

2 続けてマーカーを設定していきます。
❷[0:00:03:15]
❸[0:00:04:25]
❹[0:00:05:05]

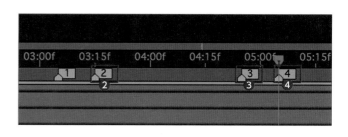

3 マーカー[1]をダブルクリックし、コンポ
ジションマーカー画面でわかりやすいコ
メントを入れます。ここでは「eye」とし
ました。

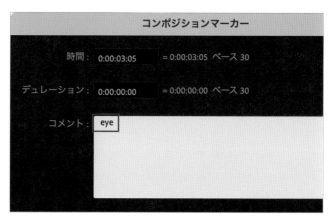

目のアウトラインにスケールで変化をつける

---

1 [目アウトライン]レイヤーの**❶**を開きます。
[コンテンツ]→[アウトライン]→[トランスフォー
ム：アウトライン]→[スケール]を選択します。

2 マーカー[eye]で**❷**ストップウォッチをクリックし
キーを追加します。

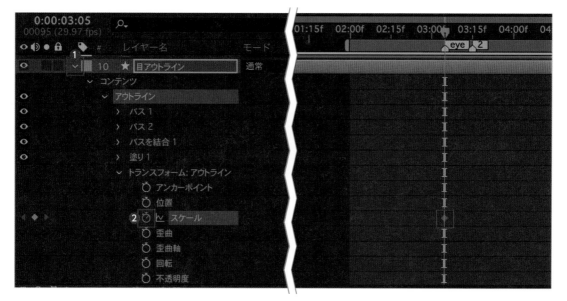

3 マーカー [2]に進みます。
縦横比固定の**❸**鎖マークをはずし、**❹**[106/90]に
変更します。 少し横に広がり縦は短い状態で、
「ちょっと目を細める」を表現します。

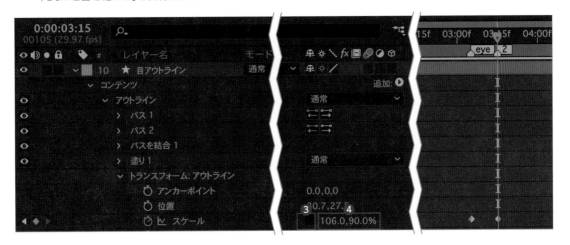

4 マーカー [3]に進み、マーカー [2]のキー
をコピペします。

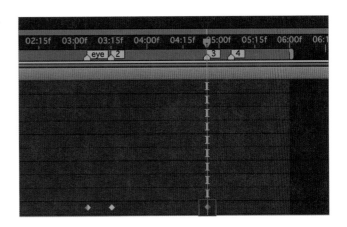

5 マーカー [4]に進み、マーカー [1]のキー
をコピペします。

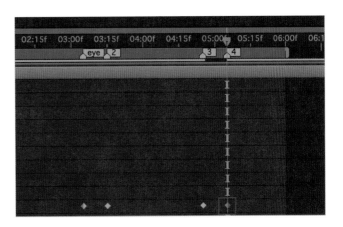

6 すべてのキーを選択し、F9 (fn + F9) キーでイージーイーズをかけます。再生してみましょう。

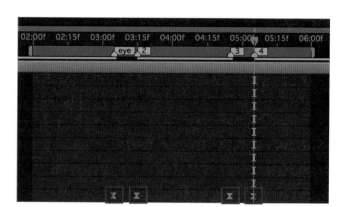

黒目に位置プロパティで連動した変化をつける

アウトラインの動きに連動して、黒目と瞳孔がこちらを見るような動きをつけます。

1 [黒目]→[トランスフォーム:黒目]→[位置]を選択します。マーカー [eye]で❶ストップウォッチをクリックしキーを追加します。

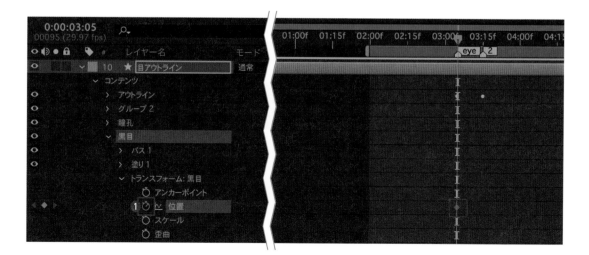

2 マーカー [2]に進みます。
こちらを見るように、❷[36/33]に変更します。

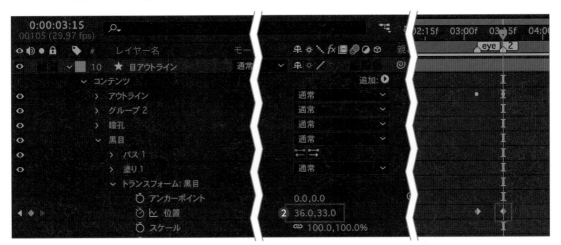

3 あとは同じ要領です。
❸マーカー [3]に進み、マーカー [2]の
キーをコピペします。
❹マーカー [4]に進み、マーカー [1]の
キーをコピペします。
すべてのキーを選択し、 F9 (fn + F9)
キーでイージーイーズをかけます。

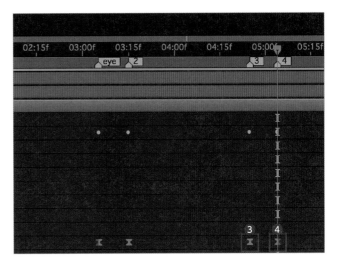

瞳孔にも位置プロパティで連動した変化をつける

同じ要領で、瞳孔にも[位置]プロパティにキーを設定します。

1 [瞳孔]→[トランスフォーム：瞳孔]→[位置]を選択します。マーカー[eye]で❶ストップウォッチをクリックしキーを追加します。

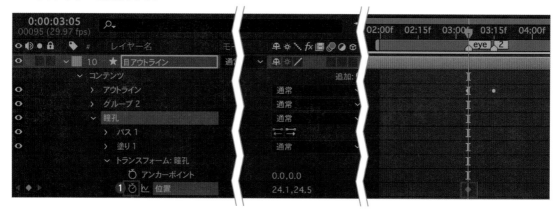

2 ❷キーを押します。今までキーを打ったプロパティが表示されます。

マーカー[2]に進み、黒目に連動して瞳孔の位置を移動します。ここでは❷[39/30]にしました。ドラッグして好きな位置に移動してもOKです。

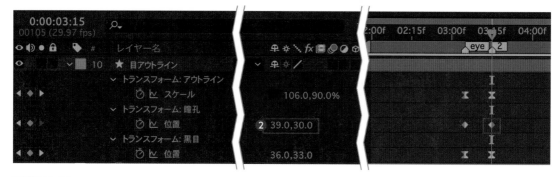

 ▶

3 ❸マーカー [3]に進み、マーカー [2]の
キーをコピペします。
❹マーカー [4]に進み、マーカー [1]の
キーをコピペします。
すべてのキーを選択し、**F9**（ **fn** + **F9** ）
キーでイージーイーズをかけます。

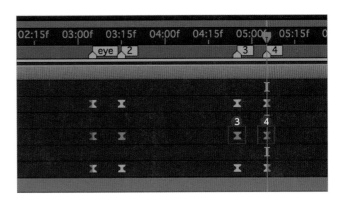

眉毛にも位置プロパティで連動した変化をつける

目の動きだけでも十分ですが、作例では眉毛も連動した
動きをつけました。

1 [眉毛]レイヤーを選択し、**P**キーで[位置]プロパ
ティを表示します。さらに、**Shift** + **R**キーで[回転]
プロパティも表示します。
マーカー [eye]でそれぞれにストップウォッチをク
リックし、キーを追加します。

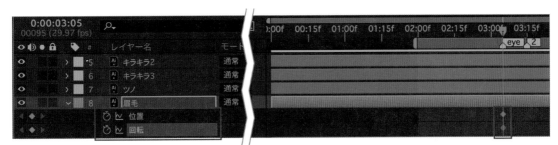

2 マーカー [2]に進み、目の動きに連動して眉毛を動
かします。　❶位置[317/150]、❷回転[10]°にし
ます。

3 ❸マーカー [3]に進み、マーカー [2]の2
つのキーをコピペします。
❹マーカー [4]に進み、マーカー [1]の2
つのキーをコピペします。
すべてのキーを選択し、`F9`（`fn`＋`F9`）
キーでイージーイーズをかけます。

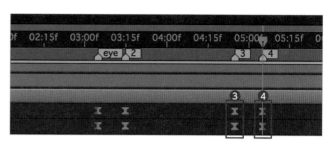

5 [回転]キーをすべて選択し、`option`＋`←`
で1フレーム前へ移動します。

各パーツをオフセットする

設定したキーをパーツごとにオフセットします。

1 [目アウトライン]レイヤーと [眉毛]レイヤーを
`⌘` キーを押しながら選択し、`U`キーですべての
キーフレームを表示します。

2 ❶瞳孔の[位置]のキーをすべて選択し、`option`＋`←`
キーで1フレーム前へ移動します。

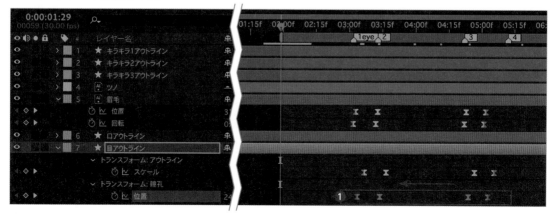

3 ❷[アウトライン]→[スケール]のキーをすべて選
択し、option + ➡ キーで1フレーム後ろへ移動しま
す。

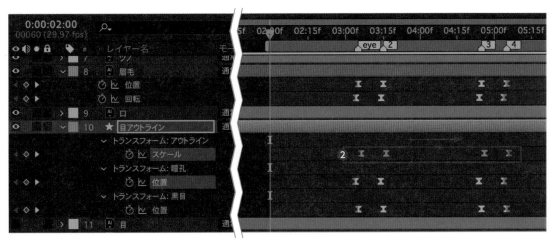

4 ❸[眉毛]レイヤーのキーをすべて選択し、
option + ⬅ キーで2フレーム前へ移動します。

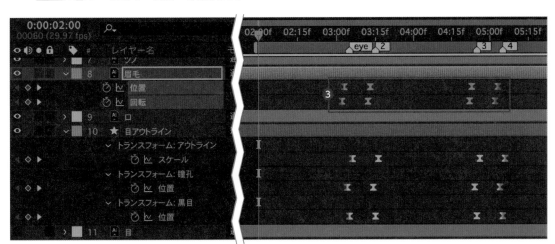

これで目と眉毛のパートは完成です。
再生してみましょう。

08

口がニコっと笑うモーションをつける

口パーツは、元のイラレデータで[塗り]ではなく[線]で描かれています。[線]で描いておくことによって、AEで読み込み後、スムーズにモーションがつけられるからです。ここでは「パスのトリミング」で口にモーションをつけます。

「パスのトリミング」で
線の長さにモーションをつける

---

1 口のレイヤーを右クリックして、[作成]→[ベクトルレイヤーからシェイプを作成]を選択します。

2 [口アウトライン]レイヤーが作成されました。コンテンツを開くと、❶[グループ1]と[グループ2]に分かれています。
ユニコーンがこちらを向くマーカー[2]のタイミングで、線の長さと位置を調整します。

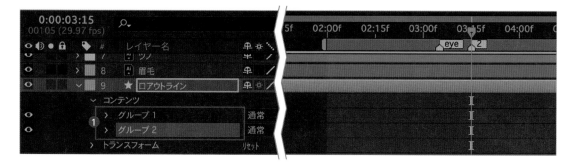

3 [グループ2]を選択し、❷[パスのトリミング]を追
加します。

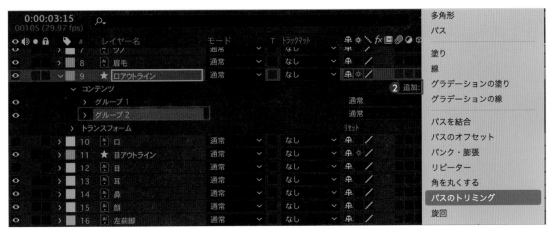

4 マーカー[eye]の位置で、[開始点]と[終了点]の
❸ストップウォッチをクリックしキーを追加します。

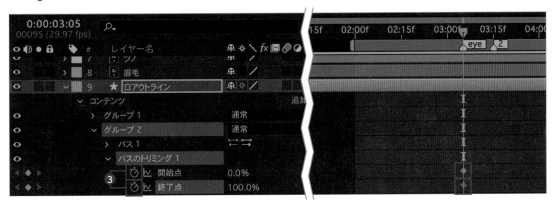

5 マーカー[2]に進みます。[開始点]と[終了点]を変
更することで、線の長さを変更します。
ここでは❹[開始点]60、❺[終了点]86にしました。

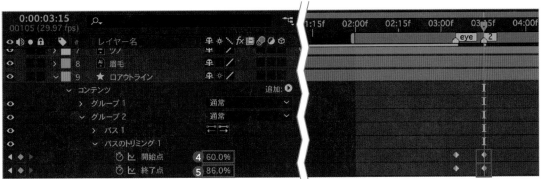

6 ❻マーカー [3]に進み、マーカー [2]の
キーをコピペします。

❼マーカー [4]に進み、マーカー [1]の
キーをコピペします。

すべてのキーを選択し、F9（ fn + F9
キー）でイージーイーズをかけます。

連動してパスの位置を変更する

[グループ2]に連動し、[グループ1]の[位置]と[スケー
ル]を変更します。

1 マーカー [eye]の位置に移動します。
[グループ1]→[トランスフォーム:グループ1]→[位
置]と[スケール]の❶ストップウォッチをクリックし、
キーを追加します。

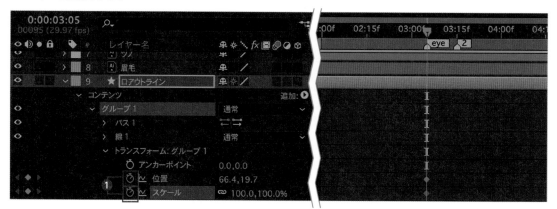

2 マーカー [2]に進みます。
❷[位置]64/25、❸[スケール]100/50（鎖をは
ずして)に変更します。

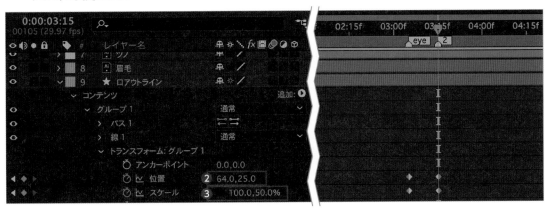

3 マーカー [3]に進み、マーカー [2]のキー
をコピペします。
マーカー [4]に進み、マーカー [1]のキー
をコピペします。
すべてのキーを選択し、**F9**（**fn** + **F9**
キー)でイージーイーズをかけます。

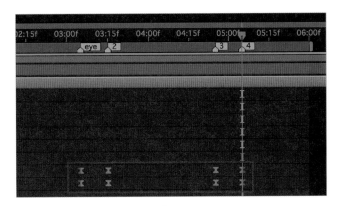

4 **U**キーですべてのキーフレームを表示します。
キーをすべて選択し、**option** + **→** で2フレーム後ろ
へ移動します。

これでユニコーンのすべてのパートは完成です。
再生して確認してみましょう。

09 タイトルロゴのモーションを作成する

タイトルロゴ「Unipy」の「i」のみにモーションをつけます。
全体を動かすとにぎやかすぎたので、あえて「i」だけにモーションをつけました。
「i」のボディに揺れを、☆に回転をつけていきます。

「i」のボディに揺れをつける

8-01で使った[CC Bend It]エフェクトのテクニックをそのまま使います。

1 今回モーションをつける「logo_i」「logo_star」のみ別レイヤーにしてあります。ラベルカラーをイエローに変更します。

2 作業に入る前に、「logo_star」を「logo_i」に親子づけしておきます。
あとで「logo_i」と一緒に揺れながら回転させるためです。

3 [CC Bend It]エフェクトを適用します。
❶ [Start]のポイントと❷ [End]のポイントを図の
ように調整し、❸アンカーポイントも下部中央に移
動します。

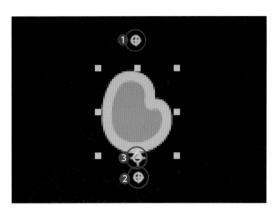

4 ❹ [範囲拡張]エフェクトを追加し、順序
を上に移動します。
Bendを左右に動かして見切れない範
囲に拡張するため、今回は❺ [50]に設
定しました。

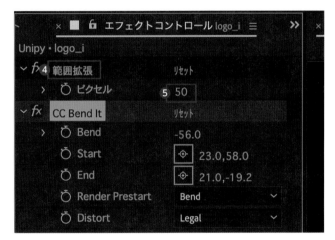

5 Bendにキーフレームを設定します。
[0:00:02:00]で❻ストップウォッチをクリックし、左
に❼ [-20]曲げます。

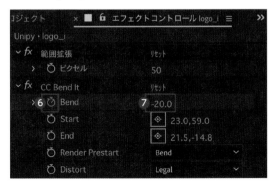

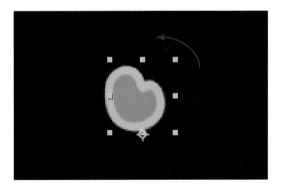

6 10フレーム進め、❽[0:00:02:10]で右に❾[+20]
曲げます。

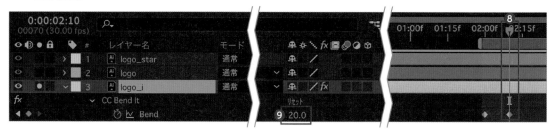

7 同じタイミングに[回転]もキーを追加します。
ここでは[-7]と[+7]にしています。

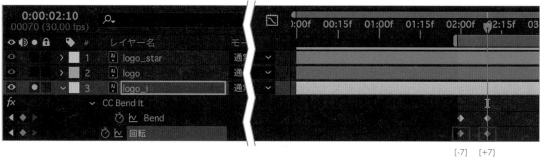

[-7]　[+7]

8 あとはP.268～269の手順と全て同じです。
・すべてのキーに **F9**（ **fn** + **F9** ）キーでイージー
イーズをかける
・[Bend][回転]にそれぞれにエクスプレッション
「loopOut("pingpong")」をコピーする
・[回転]キーを2フレーム前へオフセットする

9 「logo_star」も 表示して再生してみましょう。一緒
にゆらゆらと揺れるモーションが付きました。

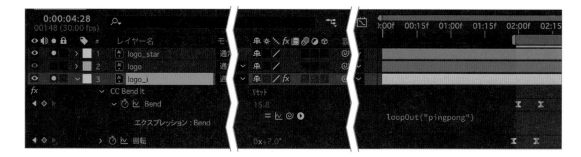

星の回転をつける

1 「logo_star」をソロ表示にして作業します。**R**キーを押し、[回転]プロパティを表示します。
マーカー [eye]で**❶**ストップウォッチをクリックしキーを追加します。

2 マーカー [4]で**❷**[3x+0.0]°
3回転するよう入力します。

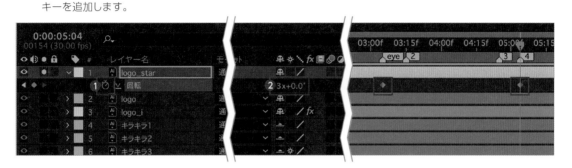

3 一定速度で回転するので、2つのキーを選択し、**F9**（**fn**＋**F9**）キーでイージーイーズをかけます。再生すると、緩急がついたのが分かります。

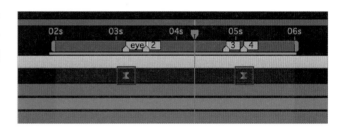

4 もう少し調整しましょう。
2つ目のキーを選択し、**⌘**＋**Shift**＋**K**でキーフレーム速度画面を表示します。
[入る速度]→**❸**[影響]を[80]%にします。
再生すると、最初は速く、だんだんゆっくりになりながらストップする回転になりました。

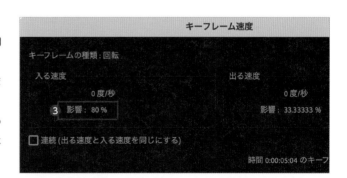

グラフエディターを開いて確認すると、そのとおりのグラフになっているのがわかります。

これでタイトルロゴ「i」のモーションは完成です。お好みで、他の文字も動かすなど、自由に試してみてください。

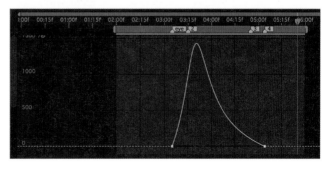

10 スピード感をラインアニメーションで表現する

空飛ぶスピード感を表現するために、ラインを描いてアニメーションを作成します。

ベースのラインアニメーションを作成する

まずベースとなるラインアニメーションのために、ラインに合わせて小さなコンポジションを作成します。

1 ⌘+Nキーで新規コンポジションを作成します。

❶[コンポジション名]Line Base、❷[幅][高さ]100×75px、❸[フレームレート]30、❹[デュレーション]20フレーム、❺[背景色]黒に設定します。

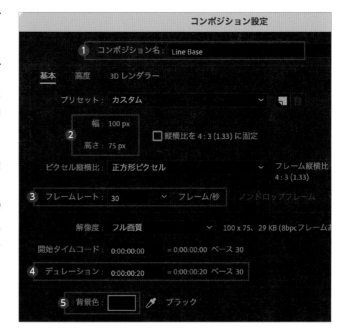

2 ペンツールで左上からラインを描きます。[塗り]なし、[線]5pt、色はパープル(#AFAEF7)にしました。

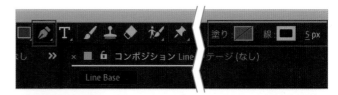

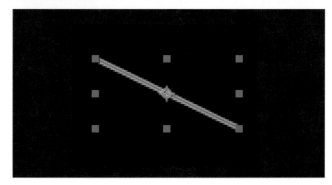

3 ❻[追加]から[パスのトリミング]を追加します。

4 [0:00:00:00]で[開始点][終了点]ともに❼[0]%
でキーを打ちます。

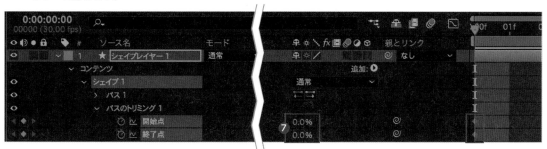

5 [0:00:00:12]で[開始点][終了点]ともに❽
[100]%に変更します。

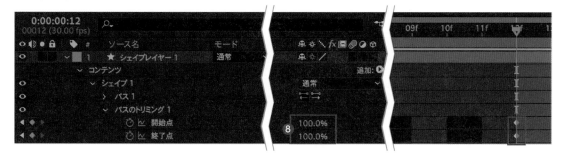

6 2つのキーを選択し、F9（fn + F9）
キーでイージーイーズをかけます。

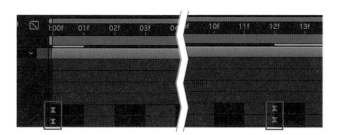

7 ［開始点］の２つのキーを option + → で4フレーム後
ろへオフセットします。
再生するとラインがスピードを表現したモーション
になりました。

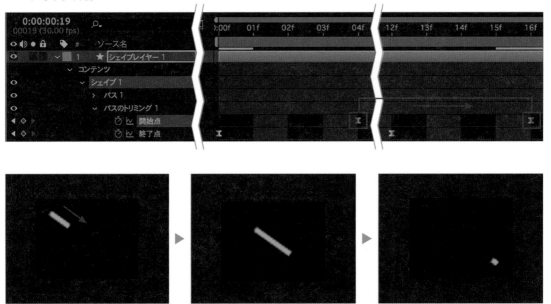

8 このままだと、ラインの先端がバットなので、［線
1］→［線端］を［丸型］に変更します。

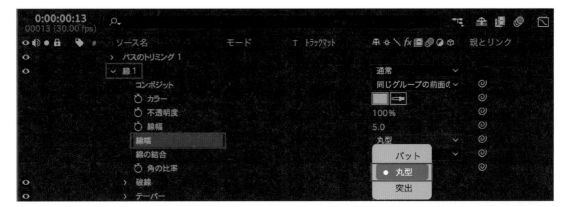

9 最後にラインをふわっと光らせます。
レイヤーを右クリックし[レイヤースタイル]→[光彩
(外側)]を選択します。

レイヤーのオブジェクトから外側に放射するグローを追加
するスタイルで、Photoshopと共通した内容です。

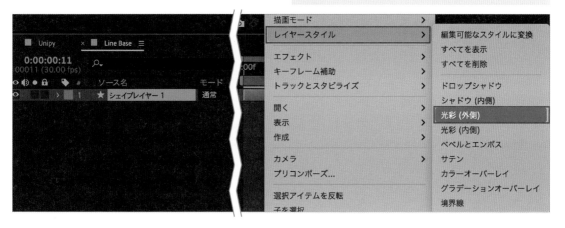

10 適用すると、グローが追加されました。
さらに設定していきます。

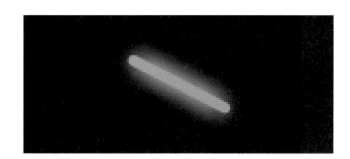

11 ここでは図のように変更しました。
カラーはラインと同じパープル
(#AFAEF7)にしました。
スプレッドは光彩の最も不透明度が低
い範囲を設定します。数値が大きくなる
ほど、ぼけの少ない加工になります。

ラインアニメーション全体の
コンポジションを作成する

次はラインアニメーション全体のコンポジ
ションを作成します。完成後、ユニコーンのコ
ンポジションに合体します。

1 ⌘+Nで新規コンポジションを作成し
ます。
❶[コンポジション名]LINES、❷[幅][高
さ]800×600px、❸[フレームレート
30]、❹[デュレーション]10秒、❺[背景
色]黒に設定します。

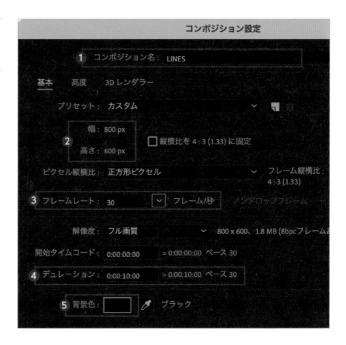

2 [Line Base]コンポジションを配置します。
20フレームなのでとても短いこのモーションを
ループさせます。

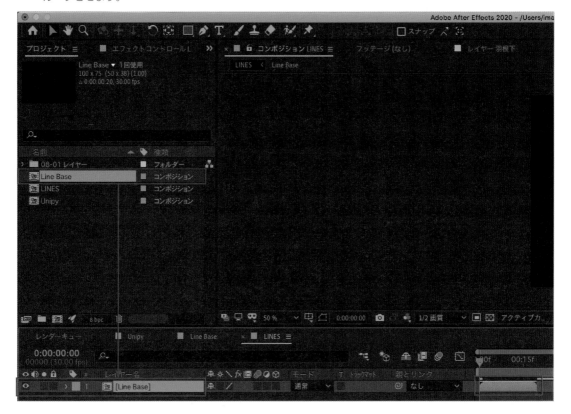

3 右クリックし、[時間]→[タイムリマップ使用可能]を
クリックします。

タイムリマップを使用可能にすると、レイヤーの時間を
キーフレームで制御できるようになります。スローや早送
り、また今回のように短いコンポジションの尺を伸ばして
ループさせたい時にも使います。

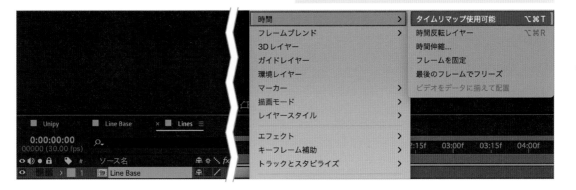

4 タイムリマップが適用され、0と20フレームにそれ
ぞれキーが2つ設定されました。

5 Option キーを押しながらタイムリマップの❻ストッ
プウォッチをクリックします。❼「loopOut()」を追
加します。

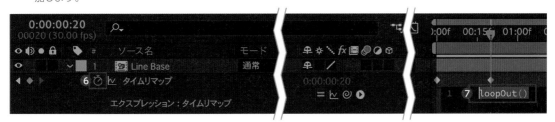

6 [時間インジケーター]を最後のフレームに移動し、
option +] キーでレイヤーを最後まで伸ばします。

これで、ラインアニメーションが繰り返されるレイ
ヤーになりました。

ラインアニメーションの複製とオフセット

1 [Line Base]コンポジションを ⌘ + D
で3つ複製します。

2 合計4本のコンポジションを、 option + Page Up キー or
Page Down キーを使い、3フレームずつオフセットしてラ
ンダムに配置します。

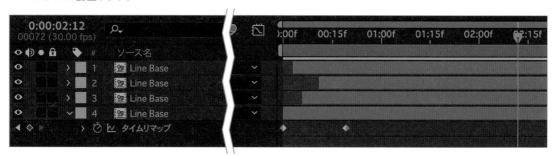

3 すべてのレイヤーを左へドラッグし、一番遅いス
タートが[0:00:00:00]になるよう調整します。

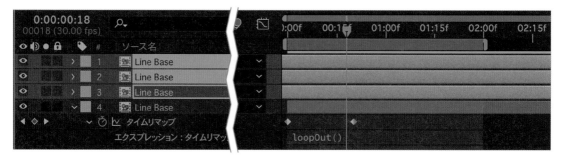

4 ユニコーンの足元に飛ばすことを想定して位置をドラッグしてランダムに配置します。
ユニコーンと合体させてからさらに細かく調整します。

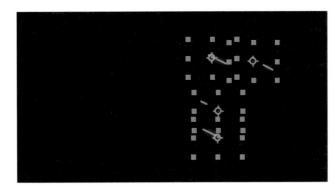

5 この[LINES]コンポジションを[Unipy]コンポジションにドロップします。一番下の背景レイヤーの上に配置します。

再生して配置を確認し、[LINES]コンポジションで位置を微調整します。

これでこのパートは完成です。

[　ここも **CHECK!**　]

ループアニメーションの余白について

[Line Base]コンポジションでアニメーションのあとに数フレーム余白を作っておいたのは、ここでリピートするときに数フレームの間を入れたかったからです。

間がなくループさせる場合はキーのカウント設定も変更しなければならないので、ここではやりやすい余白入りのコンポジションでループのテクニックを学びました。

11

星をキラキラまたたかせる

シェイプレイヤーに追加できるプロパティ効果には、Chapter7で使用した[パスのトリミング]など、さまざまなアレンジのできる効果があります。ここでは足元に広がる星々を、[トランスフォームのウィグル]を使ってまたたかせます。

シェイプレイヤーに変換する

1 [キラキラ1] [キラキラ2] [キラキラ3]
レイヤーは、それぞれタイプの違うキラ
キラ星です。

[キラキラ1] 星型のグループ
[キラキラ2] 十字の星型のグループ
[キラキラ3] 小さい丸のグループ

2 3つのレイヤーを選択し、右クリック→[作成]→[ベ
クトルレイヤーからシェイプを作成]を選択します。

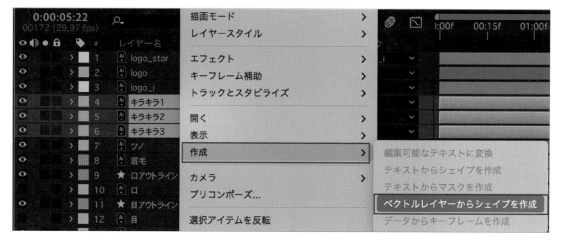

3 それぞれのシェイプが作成されました。非表示になったイラレデータのレイヤーは Delete キーで削除します。

4 3つのレイヤーのラベルカラーを変えておきましょう。ここではシアンにしました。

[トランスフォームのウィグル]を追加する

ウィグルとは、ランダムな変化の動きのことです。
シェイプレイヤーに追加できるプロパティ効果には「パス
のウィグル」と「トランスフォームのウィグル」があります
が、今回のように複数のグループオブジェクトにランダ
ムな動きをつけたい場合は、「トランスフォームのウィグ
ル」が相性がいいです。

1 [キラキラ1アウトライン]レイヤーの❶で[コンテ
ンツ]を開くと、星ごとにグループとして表示されて
います。
[コンテンツ]を選択した状態で、❷[追加]→[トラ
ンスフォームのウィグル]をクリックします。

2 コンテンツリストの最後に追加されまし
た。さらに開いて、設定していきます。

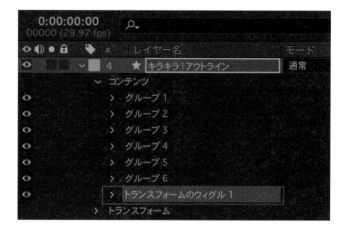

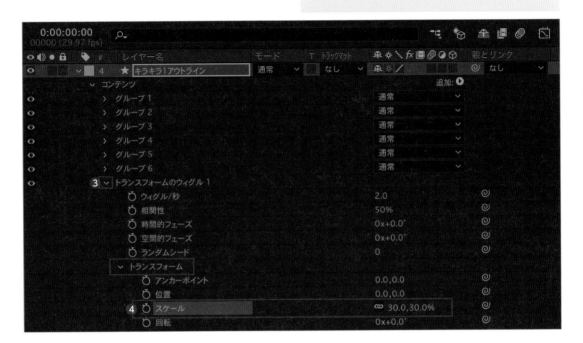

3 ❸を開くと、さらに[トランスフォーム]があります。
❹[スケール]を[30]%にして再生してみましょう。
ランダムにスケールが変化する動きがつきました。

[トランスフォームのウィグル]は位置、スケール、回転など
に変化をつけると、シェイプに連続したランダムな動きを
加えることができるプロパティです。

4 さらに設定を見ていきましょう。
❺[ウィグル/秒]で1秒あたりの揺れを設定します。
数値を上げると揺れが激しくなります。ここでは
[3.0]にします。

[ここも **CHECK!**]

[相関性]
同じグループ内に複数のオブジェクトがある場合は顕著に
変化が現れますが、今回は1グループ1オブジェクトのた
め、あまり影響がありません。デフォルトの[50]%のまま
にします。

[ランダムシード]
ランダム値を調整できます。今回はそれぞれの星サイズ
も異なり、いい感じでランダムに動いているので、[0]の
ままとします。

星をふわっと光らせる

ここでも、レイヤースタイルから光らせる効果を追加します。

1 [キラキラ1アウトライン]レイヤーを右クリックし、[レイヤースタイル]→[光彩 (外側)]を選択します。

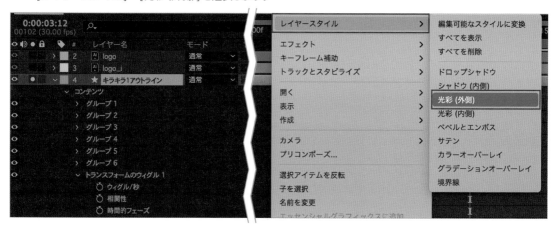

2 ❶[カラー]を星と同じ色に❷スポイトからピックアップします。大きな星は存在感たっぷりで、効果は控えめにしたいので、❸[サイズ]8.0にしました。

以上で［キラキラ1 アウトライン］レイヤー
は完成です。

残りのキラキラレイヤーにも設定する

同じように、残り2つのレイヤーにも設定して
いきます。

［トランスフォームのウィグル1］
❶［ウィグル / 秒］5.0
❷［スケール］50%

［光彩（外側）］
❸［不透明度］100%
❹［サイズ］15.0

2つとも同じ設定にして、いい雰囲気になりま
した。少し数値を変更して、いろいろ試してみ
てください。
以上でこのパートは完成です。

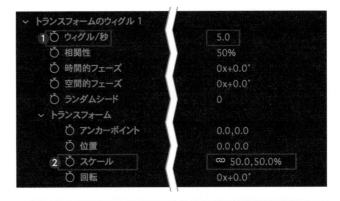

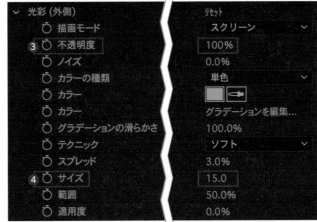

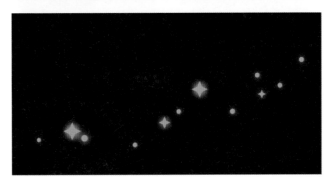

[ここも CHECK!]

ループについて気になっている方へ

[キラキラ1 アウトライン] レイヤーはループが気になる方もいるかもしれません。
標準ウィグルはループのないアニメーションを作成するので、完全なループを作成するにはカスタムエクスプレッションを使います。

右の文字列はループのために適用するエクスプレッションです。以下の3項目のパラメーターの値を変更するだけで、必要に応じて式を作成できます。
[freq]→周波数
[amp]→振幅
[loopTime]→ループ時間

```
freq = 1;
amp = 110;
loopTime = 6;
t = time % loopTime;
wiggle1 = wiggle(freq, amp, 1, 0.5, t);
wiggle2 = wiggle(freq, amp, 1, 0.5, t - loopTime);
linear(t, 0, loopTime, wiggle1, wiggle2)
```

長いので、右のサイトからコピペして使うと良いでしょう。

引用元

Den Abberts によって作成された、ウィグル モーションのループを作成するカスタム エクスプレッション
https://www.motionscript.com/design-guide/looping-wiggle.html

適用方法

1 　❶[ウィグル / 秒]を[0]にする。

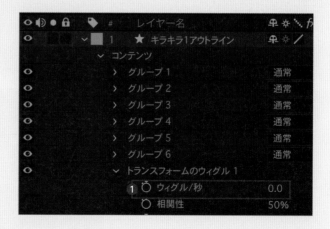

2 ❷[時間的フェーズ]と❸[空間的フェーズ]に、
引用元から❹エクスプレッションをコピペして
適用する。

ダウンロードデータからも参照とコピペができます。

```
∨ トランスフォームのウィグル 1
    Ö ウィグル/秒           0.0
    Ö 相関性               50%
2 ∨ Ö 時間的フェーズ         0x+27.1°
        = ⊵ @                   freq = 1;
                                amp = 500;
                                loopTime = 1;
                                t = time % loopTime;
        エクスプレッシ...フェーズ   wiggle1 = wiggle(freq, amp, 1, 0.5, t);
                                wiggle2 = wiggle(freq, amp, 1, 0.5, t - loopTime);
                                linear(t, 0, loopTime, wiggle1, wiggle2)

3 ∨ Ö 空間的フェーズ         0x-212.6°                          ❹
        = ⊵ @                   freq = 1;
                                amp = 500;
                                loopTime =  2;
                                t = time % loopTime;
        エクスプレッシ...フェーズ   wiggle1 = wiggle(freq, amp, 1, 0.5, t);
                                wiggle2 = wiggle(freq, amp, 1, 0.5, t - loopTime);
                                linear(t, 0, loopTime, wiggle1, wiggle2)
```

3 それぞれ❺[amp]=[500]に変更する。

4 ランダム性を出すために❻[時間的フェーズ]
の[loopTime]を[1](秒)に、❼[空間的フェー
ズ]の[loopTime]を[2](秒)に変更する。

```
  freq = 1;
  amp = 500;
6 loopTime =  1;
  t = time % loopTime;
  wiggle1 = wiggle(freq, amp, 1, 0.5, t);
  wiggle2 = wiggle(freq, amp, 1, 0.5, t - loopTime);
  linear(t, 0, loopTime, wiggle1, wiggle2)


  freq = 1;
  amp = 500;
7 loopTime =  2;
  t = time % loopTime;
  wiggle1 = wiggle(freq, amp, 1, 0.5, t);
  wiggle2 = wiggle(freq, amp, 1, 0.5, t - loopTime);
  linear(t, 0, loopTime, wiggle1, wiggle2)
```

12

ユニコーンを全体的に揺らす

最後の仕上げに、ヌルオブジェクトレイヤーを使い、ユニコーンを前後に動かして飛んでいる雰囲気をプラスします。

ユニコーンのレイヤーをまとめてプリコンポーズする

ユニコーンのレイヤー（ロゴ以外）をまとめてプリコンポーズします。

1 シェイプを作成後に念のため残しておいた[□][目]イラレデータは削除します。
ロゴのレイヤーと一番下の背景は省くので、[4 キラキラ1アウトライン]から[24 LINES]レイヤーまでを Shift キーを使って全て選択します。

2 ⌘＋ Shift ＋ C でプリコンポーズします。
コンポジション名は[UnipyAll]にしました。

3 選択したすべてのレイヤーが[UnipyAll]にまとまりました。

[UnipyAll]コンポジションの位置に
モーションを設定する

ユニコーン全体が少し揺れるような動きをつけます。

1 ⓟキーで位置プロパティを表示します。
[0:00:02:00]で❶ストップウォッチをクリックし
キーを打ちます。

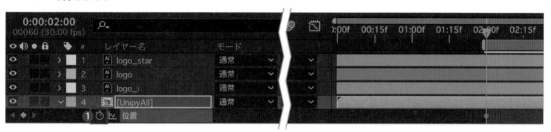

2 [0:00:02:15] に進み、位置の数値を変更します。
少しだけ動かしたいので、数値ボックスにそれぞれ
[-5] [-4]と入力しました。
❷[395 /296]と設定しました。

3 2つのキーに F9 (fn + F9)キーでイージーイー
ズをかけ、❸「loopOut("pingpong")」のエクス
プレッションを適用します。
再生すると、ユニコーンがふわふわと動きます。

ヌルオブジェクトレイヤーとリンクする

ヌルオブジェクトレイヤー(以降ヌルと呼びます)は、他の
レイヤーと同じトランスフォームプロパティを持っていま
すが、表示には反映されないレイヤーです。
今回のように、親子関係の親として使われることが多く、
複数のレイヤーをまとめて制御するときにとても便利で
す。

1 [レイヤー]メニュー→[新規]→[ヌルオ
ブジェクト]を選択します。

[ヌルオブジェクト]レイヤーのショートカット
キーは [⌘] + [Shift] + [Option] + [Y] キーです。

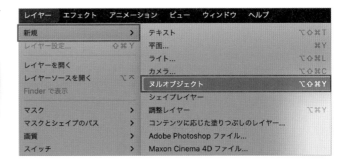

2 ❶[ヌル1]レイヤーが作成されました。
[UnipyAll]コンポジションの上に配置
します。

[UnipyAll]コンポジションを選択していれ
ば、その上に作成されます。

3 [UnipyAll]コンポジションを[ヌル1]レイヤーに
親子づけします。
これで、[ヌル1]レイヤーの動きに [UnipyAll]コ
ンポジションが従う設定ができました。

[ヌル1]の位置にもモーションを設定する

1 Pキーで[位置]プロパティを表示します。
[0:00:03:00]でストップウォッチをクリックしキー
を打ちます。

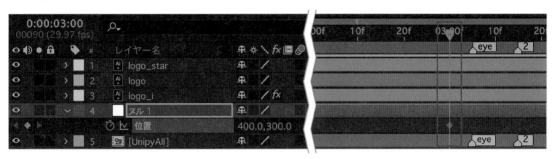

2 左前方へ少し飛び出すように移動します。ここでは
[0:00:03:13]で❶[388/296]と入力しました。

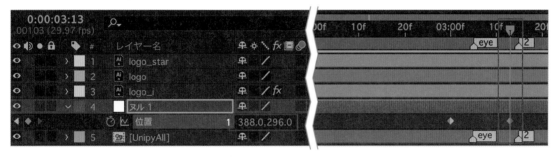

3 [0:00:04:23] まで進め、同じキーを打ちます。

4 [0:00:05:05] で1つ目のキーをコピペします。

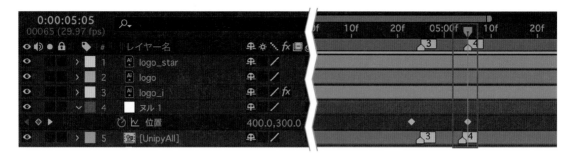

5 すべてのキーに F9 (fn + F9)キーでイージー
イーズをかけます。

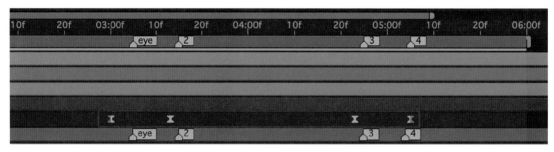

再生してみましょう。
ユニコーンが少し揺れながら、前後に移動するアニメー
ションが完成しました。

ヌルにつけた動きは、位置の数値を動かして、もっと前後
に動かすなど、いろいろお試しください。
完成プロジェクトはダウンロードデータに含まれていま
す。ぜひ参考にしてみてください。

Chapter

10

◇◇◇◇◇◇

Premiere Proとの連携

長尺の編集や音の調整が得意なPremiere ProとAEで編集
した映像やテロップ、ロゴモーションなどを組み合わせるこ
とを想定し、連携する流れを紹介します。

Premiere Proとの連携について

AEで作成した映像をPremiere Proで読み込んで、他の映像と組み合わせ、BGMを追加する操作を紹介します。この一連の流れは映像制作の現場でよくある作業なので、ぜひチャレンジしてみてください。

AEで作成したロゴのアニメーションをオフィスビル群の映像に重ね、BGMも追加します。なお、この章の作業はPremiere Proで行います。AEと同じくPremiereも「映像編集ソフト」ですが、AEがグラフィカルで短尺の映像が得意なのに対し、Premiereは複数の動画クリップをつなぐ「カット編集」（長尺の映像）を得意としています。

Sample
Movie ▶ │ Download
Data ▶ Chapter
10

Chapter 10

02

素材データを確認する

まずは、この章のサンプルデータについて解説します。
他章のものとは内容が異なりますので、作業を始める前にきちんと確認しておきましょう。

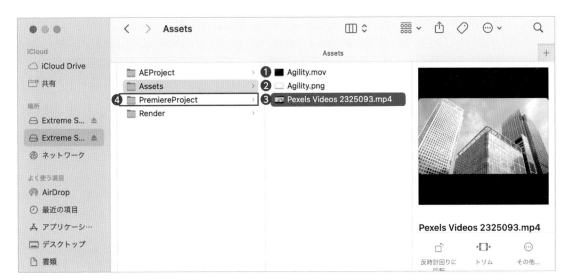

Chapter10のダウンロードデータのフォルダ構成は上
図のようになっています。「AEProject」「Render」フォル
ダは他章と同じですが、「Assets」「PremiereProject」
フォルダには以下のデータを収録しています。

「Assets」フォルダ

❶Agility.mov
ロゴモーションを5秒で書き出したアルファ付きデータ
です。

❷Agility.png
テキストマット素材です。詳細は次ページを参照してく
ださい。

❸Pexels Videos 2325093.mp4
ビル群の映像データです。背景映像として使用します。

❹「PremiereProject」フォルダ
この章で作成するPremiereの完成データが入ってい
ます。

> この章ではPremiere Proを使って作業を行いますの
> で、あらかじめPremiere Proをインストールしておいて
> ください。

> AEとPremiereをリンクさせて作業するダイナミックリ
> ンクという機能もありますが、どうしても重くなったり不
> 安定になりがちです。
> ここでは出力データを持っていくというシンプルで確実
> なフローで作業を行います。

[ここも CHECK!]

テキストマットの書き出し

この章では、Chapter4で作成したロゴモーションを使用します。AEではイラレデータをレイヤー単位で読み込めますが、Premiereではそれができないため、ロゴモーションと、白の半透明のテキストマットは別々に書き出しておきます（その方が作業がしやすいため）。テキストマットは元のイラレデータからPNG形式に書き出すのですが、その手順を紹介します。

1 [Background]レイヤーの白い長方形のみ表示します。

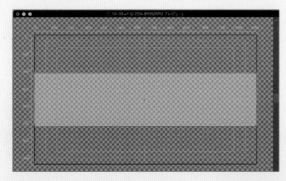

2 [ファイル]メニュー→[書き出し]→[Web用に保存(従来)]を選択します。

ショートカットは ⌘ + option + Shift + S キーです。

3 ❶[PNG-24]として書き出します。

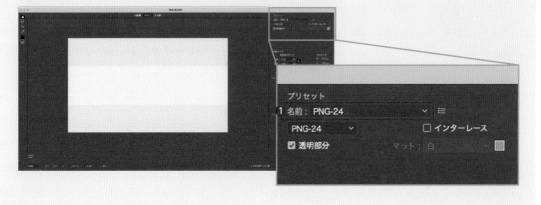

03

Premiere Proで映像の長さを調整する

Premiere Proでは効率的なカット編集で映像の長さを調整できます。
ここでは短いクリップを使って手順を説明しますが、同じ手順で長い尺の映像もサクサク
編集できます。

Premiere Proを起動する

---

1 Premiere Proを起動します。

2 ❶新規プロジェクトをクリックします。

3 ❷プロジェクト名を入力し、保存先を指定します。
さらに、使用する素材もここで選ぶことができま
す。サンプルデータ「Chapter10」→「Assets」フォ
ルダを選択し、❸フォルダ内の3つの素材を選択し
ます。

> あとから作業する画面で素材を追加することも可能です。

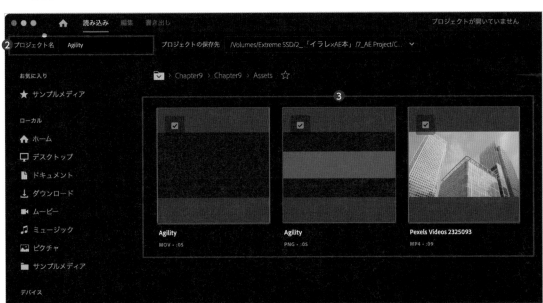

4 ❹[シーケンスを新規作成する]のチェックはオフにして、[作成]をクリックします。

[シーケンスを新規作成する]をオンにすると、ここで選んだ素材をもとにシーケンスを作成してくれますが、はじめはおすすめしません。異なるサイズの素材や静止画などが混ざっていた場合、選択順によりうまくいかないこともあるためです。

シーケンスはひとつのシーンを作成する作業場所です。AEのコンポジションに当たるような位置付けですが、タイムラインの構成は異なり、AEがレイヤーを縦に重ねていくのに対し、Premiereはひとつのトラックに映像などの素材を横につなげていくことができます。よく「AEは縦の編集、Premiereは横の編集」と表現される所以です。

タイムラインに素材を配置・トリミングする

1 Premiereの編集画面が表示されました。
❶プロジェクトパネルに先ほど選択した素材が並んでいます。

ここでは同じレイアウトで作業するため、ワークスペースボタンからベーシックなレイアウト❷[編集]を選択します。

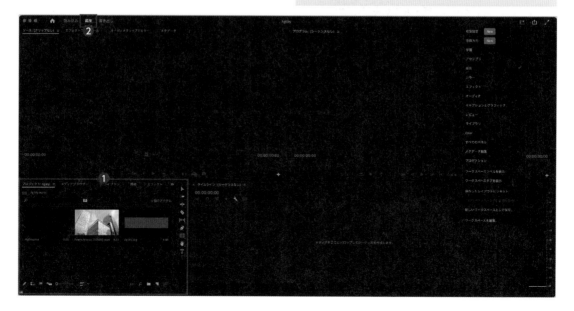

2 [Pexels Videos 2325093.mp4]を右側の❸[タイムライン(シーケンスなし)]にドラッグ&ドロップします。

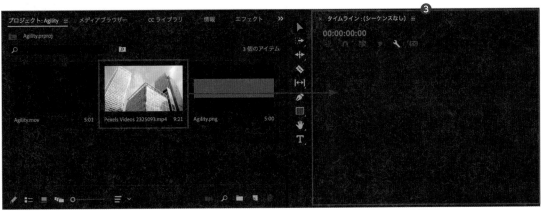

3 [Pexels Videos 2325093.mp4]の情報に合わせてシーケンスが作成されました。

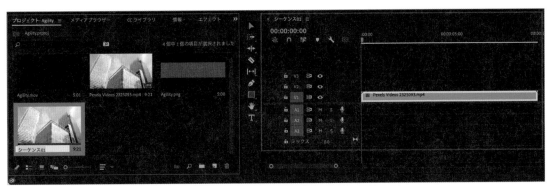

プロジェクトパネルには同じ名前でシーケンスが登録されています。名前を❹[シーケンス01]に変更しておきます。

[ここも CHECK!]

[シーケンス]メニュー→[シーケンス設定]で
内容を確認できます。ここでは
❶フレームサイズ1920x1080
❷タイムベース　25.00 フレーム/秒
になっています。

25フレームなのは海外サイトからのデータな
ので、よくあるケースです。ここは素材に合わ
せたシーケンスで作業し、出力時に必要な設
定で書き出すことが可能です。

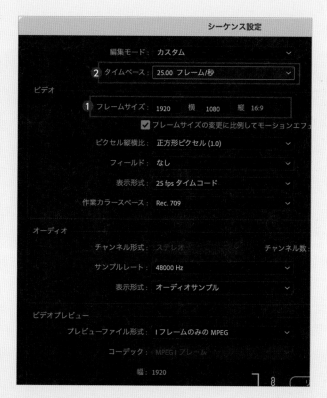

4K撮影したクリップをフルHDで納品す
るケースもよくあると思います。
その場合はフルHDシーケンスで作業す
るとパフォーマンスに無駄がありませ
ん。4KとHDそれぞれ必要であれば、4K
シーケンスで作業して出力時に両方の書
き出しをすることになります。
なお、4KクリップはフルHDシーケンスで
も4K解像度を維持しているので、[エフェ
クトコントロール]パネルなどでスケール
ダウンして使用します。

4 ___space___ キーで再生します。
フレーム単位の再生は ⬅ ➡ です。

トラックパネルの◯の部分でダブルクリック
するとトラックの高さがサムネイルを表示す
るサイズになります。

5 カットはいろいろな方法がありますが、ここではカミソリマークの❺[レーザーツール]を使います。
Cキーで[レーザーツール]に持ち替え、カットポイントでクリックすると、映像が分割されます。ここでは[0:00:01:00]でカットします。

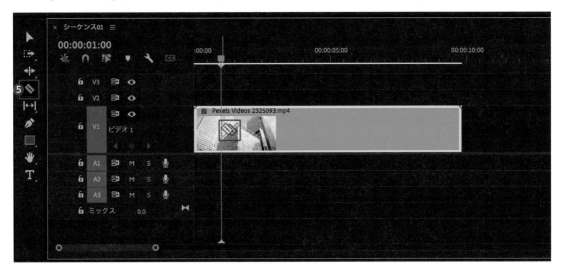

6 **V**キーで[選択ツール]に持ち替え、不要な箇所をクリックして **Delete** キーを押します。うしろにクリップがつながっている場合、**option** + **Delete** キーで隙間なく削除できます。
これをリップル削除と呼びます。

リップル削除はWinでは **Shift** + **Delete** キーです。

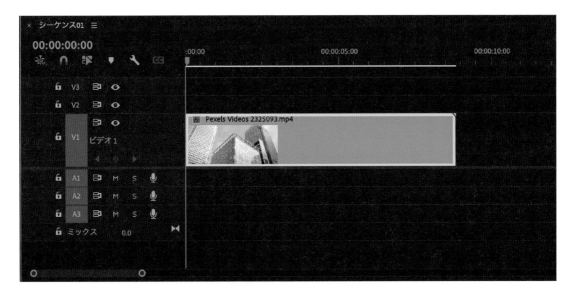

6 もういちど[0:00:05:00]でカットし、うしろのクリップを削除します。
映像が5秒ちょうどにトリミングされました。

7 ⑥[V2トラック]へ[Agility.png]を⑦[V3トラック]へ[Agility.mov]を配置します。タイミングを調整します。

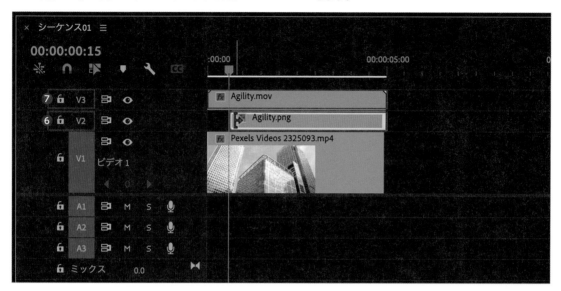

8 ここでは、[V2トラック]Agility.pngを[0:00:00:15]、[V3トラック]Agility.movを[0:00:00:20]にドラッグして移動します。⑧アウトは[0:00:04:15]へドラッグして揃えます。

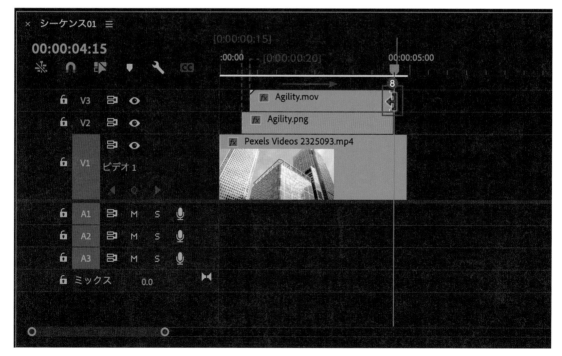

Chapter 10

04

フェードをつける

ロゴが登場するシーンと消えるシーンにフェードを設定します。

クロスディゾルブを適用する

1 効率化するために環境設定からフェード
のデュレーションを設定しておきます。
[Premiere Pro]メニュー→[環境設
定]→[タイムライン]を選択します。

Winでは[編集]→[環境設定]→[タイムライ
ン]を選択します。

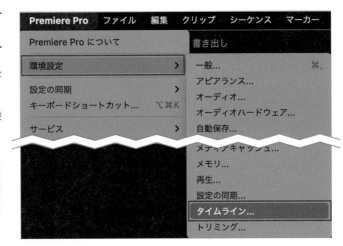

2 ❶[ビデオトランジションのデフォルトデュレーショ
ン]を[10フレーム]に変更します。

BGMに使うため[オーディオトランジション]も[10フレー
ム]に揃えておきます。

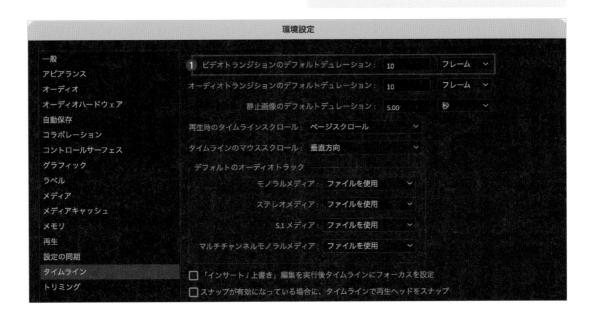

3 [Agility.png]の左端をクリックし、⌘＋**D**でデ
フォルトトランジションの❷[クロスディゾルブ]が
つきます。
デュレーションは先ほど設定した10フレームになっ
ています。

[エフェクトパレット]からタイムラインにドラッグ&ドロッ
プしてもクロスディゾルブを適用することができます。

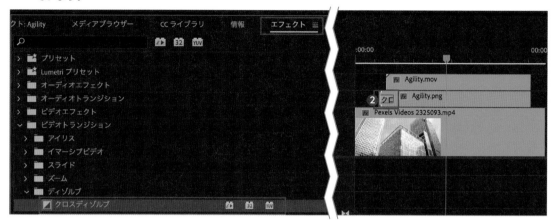

4 同じく[Agility.png]の右端の❸アウトをクリック
して⌘＋**D**で[クロスディゾルブ]を適用します。
[Agility.mov]の❹右端にも同様に適用します。
これで完成です。

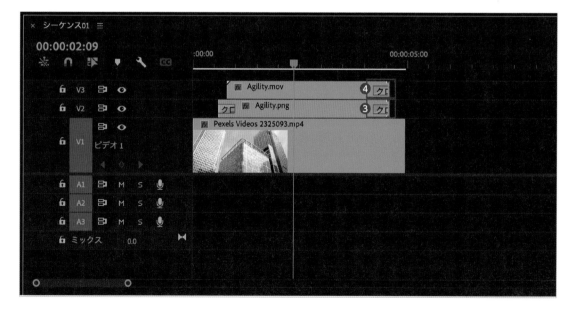

[ここも CHECK!]

サイズや位置など調整したい場合には

ここでは、そのまま使用してぴったり合いましたが、
読み込んだ素材のサイズ、位置、不透明度などは[エフェクトコントロール]パネルで調整できます。

クリップを選択し、[エフェクトコントロール]パネルの
各プロパティで調整します。

プロパティをクリックすると、プレビュー画面[プログラム]パネルで❶青枠が表示され、直接ドラッグしての調整も可能です。

調整しながら進める場合、AEにデータを
コピペすることもできます。Premiere
でクリップをコピーし、After Effectsの
[タイムライン]パネルでペーストすれば、
❷トリミングした情報を保持した状態で
タイムラインに配置されます。

> AE側で細かい調整をしてからPremiere
> 側に持ってくるなど、ケースバイケースで
> 使い分けてみてください。

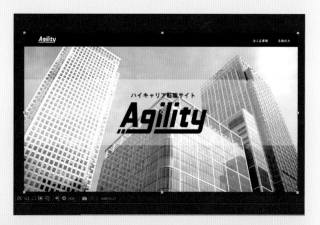

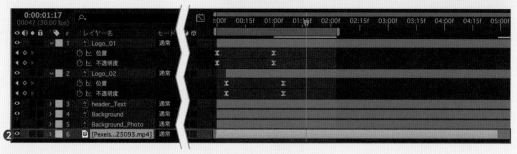

Chapter 10

05

BGMを追加する

ここまでに作成した映像にBGMを追加します。
さらに、音声クリップのトリミング方法や音量調整についても解説します。

音声の追加について

AEでも音声ファイルの編集は可能ですが、Premiere側で調整したほうが機能も多く効率的です。
AEはすべてレンダリングしてから再生する仕様なので、マシンスペックによっては再生に待ち時間が発生する場合もありますが、Premiereはリアルタイムで再生するのでストレスがないのも大きなポイントです。
BGMのほか、SE（効果音）を多く使うときなどは、特にPremiereでの編集がおすすめです。

BGMを選択して配置する

1 オーディオ用のワークスペースに変更します。❶［ワークスペース］ボタンから［オーディオ］をクリックします。

2 オーディオの編集に適したレイアウトに変更されました。

3 右側に❷[エッセンシャルサウンド]パネルが表示されます。

❸[参照]タブをクリックし、Adobe StockからBGMを選んでみます。ムードやジャンル、フィルターの内容を絞り込むと候補が表示されます。
さらに❹[business]で検索しました。

> M4aデータは無料でいくつでも試せます。購入時には高音質データと入れ替わります。

再生ヘッドを先頭に合わせてからそれぞれの曲を再生すると、同じ位置から繰り返し同期して再生されます。左下にデフォルトで❺「タイムラインの同期」が有効になっているためです。

ここではアセットID[506618448]を選びました。検索すると表示されます。または、好きな曲を使ってOKです。

4 選んだ曲を❻[A1トラック]へドロップします。
再生すると、❼レベルメーターで音量が確認できま
す。メーターがピークに達し、真っ赤になっていま
す。音量が大きすぎるので、調整します。

BGMの音量を調整する

1 音量を調整するには複数の方法がありますが、ここ
ではわかりやすいラバーバンドを使ってみます。
中央に走っているラインが❶ラバーバンドです。

2 ドラッグして[-20dB]まで下げてみました。

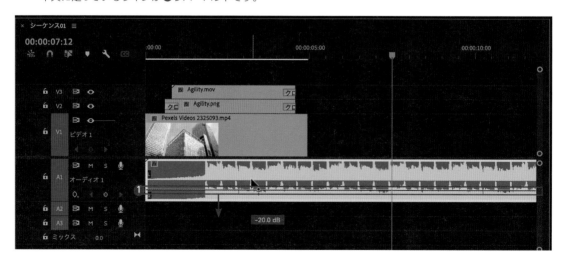

BGMは音楽がメインのシーンなのか、会話がメインなの
かなど、その時の演出にもよりますが、通常は-20〜
-30dB程度で調整します。

ラバーバンドが見えないときは、❶スパナマークのタイムライン表示設定ボタンから[オーディオのキーフレームを表示]をクリックします。

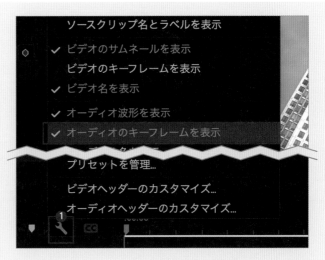

3 または、オーディオクリップミキサーでも調整できます。
❷フェーダーを上下にドラッグしたり、❸dbレベル表示に直接数値入力することもできます。

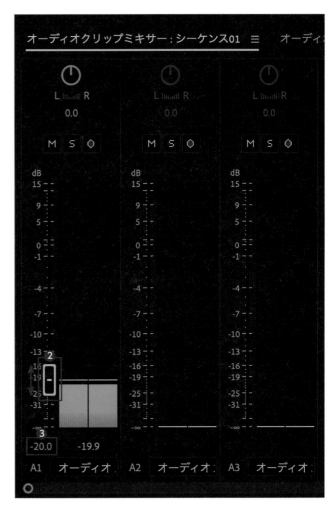

オーディオデータをトリミングする

1 音声クリップのトリミングは映像クリップと同じで
す。ここでは波形を見ながら冒頭の部分（波形が少
ない部分）をカットし、アウト点は [0:00:05:10] で
カットしました。

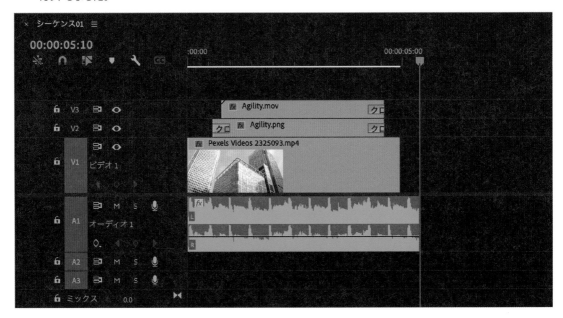

2 ❶BGMクリップを選択し、⌘ + Shift + D で
フェードイン/アウトをつけます。
デフォルトのオーディオトランジション❷［コンスタ
ントパワー ］が環境設定で指定したデュレーション
で適用されます。

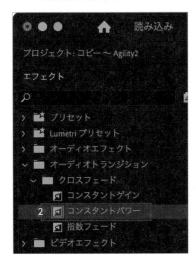

3 書き出しに進むため、❸[0:00:05:10]で**O**キーを
押してアウトをマークします。
これでイン/アウトがマークされました。

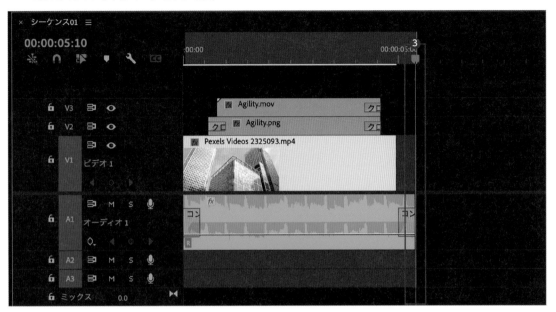

[ここも **CHECK!**]

オーディオリミックス機能

Adobe Auditionの神機能として有名なオーディオリミックスがPremiereでも使えるように。今回は10秒以下だったので使いませんでしたが、10～15秒以上ならオーディオクリップの長さをかなりの精度で自動調整してくれます。

[エッセンシャルサウンド]パネル→❶[編集]タブ→❷[ミュージック]をクリック→[デュレーション]に❸チェックを入れて、❹[ターゲットデュレーション]に希望の長さを入力するだけでAIが自動調整します。

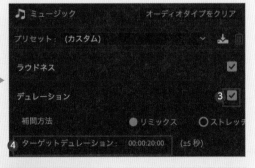

Chapter 10
06

完成データを書き出しする

Premiere Proから完成データを書き出す方法は3種類あります。
さくっとMP4形式で書き出すならクイック書き出し、細かい設定ができる書き出し画面、そしてAEでも使用したMedia Encoderの使用も可能です。用途により使い分けましょう。

[A]クイック書き出し

細かい設定を行わず、さくっとMP4形式で出力したい場合、クイック書き出しが便利です。

1 画面右上❶[クイック書き出し]ボタンをクリックします。

2 ❷[シーケンス名]
❸[出力先]
ファイル名、場所を指定します。
❹[出力用のプリセット]
デフォルトで[Match Source - Adaptive High Bitrate]というプリセットが選択されています。
❺[プリセットのセット内容]
下に表示されているように、フルHD / 14.5Mbps(ビットレート)でMP4形式で出力されます。YouTubeやSNSなどに利用するにはじゅうぶんな高画質です。
❻[出力される動画ファイルのサイズ]

[書き出し]をクリックします。

3 今回はプレビュー用のBGMを使っているのでそれを確認する画面表示がされました。
このまま[書き出し]をクリックします。

商用利用、またはSNS等で公開する映像を作成する場合は、必ず事前にライセンスを取得してください。

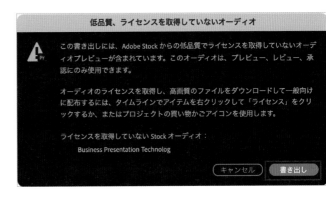

4 MP4ファイルが書き出されました。

Agility.mp4

[ここも CHECK!]

好みのプリセットを選ぶ

[クイック書き出し]の設定画面で、他のプリセットを選ぶこともできます。[プリセット]のプルダウンから❶[その他のプリセット]をクリックするとSNS用途の個別プリセットやMP4形式以外のプリセットも選べるようになっていますので、見てみましょう。

プリセットマネージャーが立ち上がりました。
多くのプリセットが入っているので、YouTube用プリセットを検索してみます。
❷検索バーに[You]と入力するとYouTube用プリセットが表示されます。希望のプリセットを選択し[OK]します。

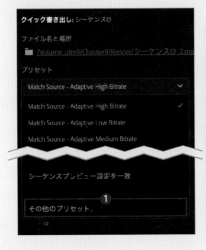

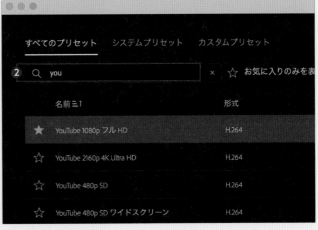

[B]通常の[書き出し]

[クイック書き出し]ではなく、通常の❶[書き出し]から行
うと、より細かい設定をすることが可能です。

❷基本設定の内容はクイック書き出しと共通
です。
❸ビットレート等の詳細設定は[ビデオ]から
おこないます。
❹[一般]→[プロジェクトに読み込む]にチェッ
クを入れるとレンダリング完了後にプロジェク
トパネルに読み込んでくれるので便利です。

❺描き出す範囲を指定できます。
タイムラインのイン/アウト間や、このプレビュー画面で
カスタムすることもできます。

❻AEの書き出しにも使用したMedia Encoderに送信
して書き出すこともできます。その場合、書き出し中も
編集作業を続行できます。

[書き出し]をクリックして、書き出し画面へ移動します。

[ここも CHECK!]

AEでの音編集

AEでも オーディオデータを読み込みカットやボリューム調整をすることができます。

1 プロジェクトパネルにデータを読み
込みます。
直接ドロップ、またはパネルをダブ
ルクリックなど、他の素材と同じ方
法で読み込めます。

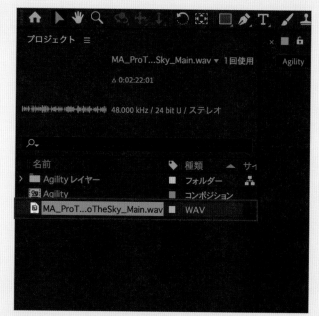

2 タイムラインに配置します。
L キーを2回押すと、**❶**ウェーブフォームが表示
されます。

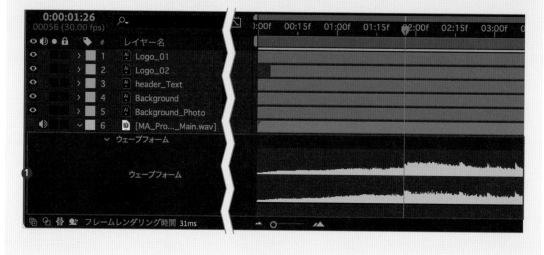

3 カット編集も今までの他のデータと同様です。
・⌘ + Shift + D キー で分割してから不要な
ほうを削除
・option + [ ] キーでトリム　など

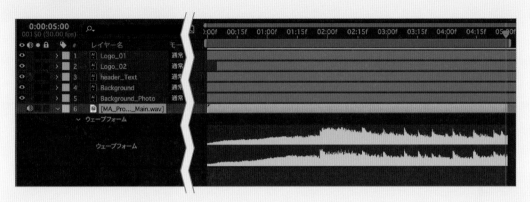

4 ボリューム調整は Shift + L キーで❷[オーディ
オレベル]を表示します。
初期値は❸[+0.00db]となっています。この
数値を上下することで音量調整が可能です。

ここでキーを打ち、フェードをつけることも可能です。

[ウィンドウ]メニュー→[オーディオ]でオーディオ
パネルを表示し、レベルメーターを参照できます。
フェーダーを上下することで音量調整もできま
す。初期設定では、オーディオパネルのdbの下限
値は[-48db]です。
変更したい場合は ハンバーガーマークから[オプ
ション]を表示し、スライダー最小値を変更します。

索引

OFFICE UNICO

河野 緑 KONO MIDORI 🐸 DaVinci Resolve Certified Trainer

オフィス・ユニコ代表／映像クリエイター／Premiere Proほか映像編集ソフト講師／
DaVinci Resolve認定トレーナー
グラスバレー日本橋セミナールームを運営後に独立。オフィス・ユニコを設立し、映像編集講座の企画・運営、コンテンツ作成、トレーニング書籍の企画・執筆などを手掛ける。AdobeMAXやYouTube Creators camp、CC道場など数多くのイベントでも登壇の経験を持つ。Premiere Pro、After Effects、Grass Valley EDIUS Pro、DaVinci Resolveなど、さまざまな映像編集ソフトを自在に操り、企業や個人のWeb動画やPV作成も行っている。放送局や企業・教育機関向けのセミナー講師として招聘されることも多く、オーダーメイドの講義を開催。初心者にもわかりやすく丁寧な講義は好評を呼んでいる。
[HP] https://www.office-unico.net
[Twitter] @midori.unico　[Facebook] @OfficeUnico

株式会社パワーデザイン Power Design Inc.

東京に拠点を置くデザイン会社。
常時20名前後在籍のデザイナーがそれぞれ個性を活かし、グラフィック事業とプロダクト事業の2つの分野を柱に幅広く活動。著書『トレース＆ 模写で学ぶ デザインのドリル』『足し算デザイン＆引き算デザイン』『がんばらなくても速攻できるパパッとデザインレシピ』(小社刊)他多数。
[HP] https://powerdesign.co.jp/

イラレユーザーのためのAfter Effects入門

2022年10月4日	初版第1刷発行	
著者	河野 緑	
協力／装丁・本文デザイン	Power Design Inc.	
編集制作	中村 敬一／松永 尚子／三浦 泉／布施 雄大 竹内 春乃／國井 あゆみ (Power Design Inc.)	
発行人	片柳 秀夫	
編集人	平松 裕子	
発行所	ソシム株式会社 https://www.socym.co.jp/ 〒101-0064 東京都千代田区神田猿楽町 1-5-15 猿楽町 SS ビル TEL03-5217-2400 (代表) FAX03-5217-2420	
印刷・製本	シナノ印刷株式会社	

定価はカバーに表示してあります。
落丁・乱丁は弊社編集部までお送りください。
送料弊社負担にてお取り替えいたします。

ソフトウェアの不具合や技術的なサポート等につきましては、アドビシステムズ株式会社の Web サイトをご参照ください。

アドビヘルプセンター
https://helpx.adobe.com/jp/support.html

ISBN978-4-8026-1379-8　Printed in Japan
©2022 Midori Kono/Power Design Inc.